新商科系列教材·商务数据分析系列

数据可视化

颜 颖 蒋 鹏 主编

朱景伟 陈海城 副主编

电子工业出版社
Publishing House of Electronics Industry
北京·BEIJING

内 容 简 介

本书围绕"商务数据可视化"这一主题展开，是一本专注于商务图表设计的实战图书。本书中以可视化图表呈现为目标，穿插讲解了函数与公式、迷你图、条件格式、开发控件、数据透视表、数据透视图、动态图表、仪表板等知识。本书共 5 个模块，分别介绍可视化基础知识、基础数据图表、高级数据图表、商务智能看板（BI 看板）及拓展内容——FineBI 数据可视化智能工具，内容层层递进，体系完善，可使读者对数据可视化设计有一个全面、系统、深入的了解。

本书可作为高职高专院校商务数据分析与应用、电子商务、市场营销等商科专业的教材，也可作为数据分析行业从业者的技能学习读本。无论是零基础的初学者，还是中、高级用户，相信都能够从本书中找到值得学习的内容，从而建立系统的"图表—数据—管理"的知识体系，并从数据价值的内核上提升图表可视化应用水平。

未经许可，不得以任何方式复制或抄袭本书之部分或全部内容。
版权所有，侵权必究。

图书在版编目（CIP）数据

数据可视化 / 颜颖，蒋鹏主编 . —北京：电子工业出版社，2021.11
ISBN 978–7–121–38042–6

Ⅰ . ①数… Ⅱ . ①颜… ②蒋… Ⅲ . ①可视化软件—数据处理—高等学校—
教材 Ⅳ . ① TP31

中国版本图书馆 CIP 数据核字（2021）第 251967 号

责任编辑：魏建波
文字编辑：靳　平
印　　刷：北京虎彩文化传播有限公司
装　　订：北京虎彩文化传播有限公司
出版发行：电子工业出版社
　　　　　北京市海淀区万寿路 173 信箱　邮编 100036
开　　本：787×1092　1/16　印张：14　　字数：358.4 千字
版　　次：2021 年 11 月第 1 版
印　　次：2025 年 1 月第 5 次印刷
定　　价：59.80 元

凡所购买电子工业出版社图书有缺损问题，请向购买书店调换。若书店售缺，请与本社发行部联系，联系及邮购电话：（010）88254888，88258888。

质量投诉请发邮件至 zlts@phei.com.cn，盗版侵权举报请发邮件至 dbqq@phei.com.cn。

本书咨询联系方式：（010）88254609 或 hzh@phei.com.cn。

前 言

随着大数据技术的发展，商务数据在数据量和数据维度上呈现爆发式增长，企业利用商务数据来开发产品、提升服务并增强品牌影响力，从而构建自身竞争壁垒。为了提升企业运营效率，研究如何在更短时间内分析数据并做出有效决策，几乎是当代所有企业不懈追寻的课题。然而，商务数据的应用受限于诸多因素，包括数据采集、数据处理、数据分析及数据可视化等。本书将聚焦数据可视化领域，结合市场上常用的数据可视化工具，帮助学者实现不同业务场景中的可视化设计。通过设计出高质量的可视化图表或商务智能看板（BI看板），帮助决策者更快速地抓取重点信息，由此辅助决策。

本书主要面向商务数据分析与应用专业师生，有数据可视化需求的其他专业师生也可以通过此书掌握一些图表美化的方法。建议授课教师在实训环境中教学，并在教学过程中穿插一些场景案例，同时也鼓励学生自行探索各类可视化工具，从而加强教学效果，使学生更好地掌握可视化设计的技能。

本书内容分为5个模块。模块一为导论，重点阐述数据可视化相关概念，可视化设计的基本流程、常用工具和评价标准等，也介绍了Excel 2019中图表的基本概况及制图流程。模块二至模块四将具体讲解Excel中可视化图表和商务看板（BI看板）的构建。其中模块二着重介绍了三类基础业务图表（柱形图、折线图和饼图）的特点、适用场景及其具体构建方式。模块三介绍了多种常用高级业务图表的特点、适用场景及其构建方式，同时也系统介绍了Excel中可视化图表设计的注意要点与美化方法。模块四中阐述了BI看板的基本概念，并通过综合性案例呈现系统化的可视化BI看板。模块五将作为学习数据可视化设计的拓展模块，主要介绍当前主流可视化分析智能工具——FineBI的应用，以实际业务场景为背景，实现仪表板的制作，为学习者在后续学习过程中拓宽思路。

本书还建立配套的微信公众号及职教云，职教云主要满足课程教学需求。在公众号中将共享本书中的案例演示视频及相关资料，便于学习者更快速地掌握实操技能，相关内容也随软件的更新而更新。由于文稿体量有限，公众号中也会补充书本无法涉及的数据可视化相关的知识技能。

本书由义乌工商职业技术学院颜颖、蒋鹏老师担任主编，负责全书框架设计与体例拟定、各模块撰写和后期定稿。另外，蒋鹏老师全程对本书的框架设计及各模块内容把控进行了深度指导；朱景伟老师为本书的体例结构的调整提供了宝贵意见；慕研（杭州）数据分析师事务所有限公司董事长陈海城为本书的出版给予大力支持和帮助。可以说，本书并不只是一人努力的结果，而是团队共同努力的结晶。

在本书编写过程中，借鉴了国内外许多专家学者的学术观点，参阅了大量书籍、期刊和网络资料，在此谨对各位作者表示感谢。本书还得到了义乌工商职业技术学院商务数据分析与应用专业教研室各位同仁的大力支持，在此致以衷心的感谢！

编者 颜颖

2021 年 10 月

目 录

模块一

导　论

知识目标

※ 理解数据可视化的含义及其必要性；

※ 掌握数据可视化分析的流程；

※ 了解数据可视化常用工具；

※ 了解 Excel 2019 中图表的类型；

※ 掌握 Excel 中图表元素的功能及应用技巧；

※ 了解 Excel 中图表制作的基本流程。

技能目标

※ 具备基于现有数据模型选择合理的可视化图表的能力；

※ 具备在 Excel 中依据可视化流程进行简单可视化分析的能力；

※ 具备在 Excel 中调整基础可视化图表元素的能力。

思政目标

※ 初步构建数据时代下的数据思维体系；

※ 初步具备数据分析从业人员严谨负责的工作态度；

※ 具备法律意识，能够遵守个人隐私和数据保密等法律法规，在数据可视化设计过程中做到不侵权、不违法。

任务一　认知数据可视化

 任务目标

对数据可视化相关概念的理解。

 任务分析

（1）什么是数据可视化？

（2）数据可视化的作用是什么？

（3）数据可视化分析的流程有哪些？

（4）实现数据可视化有哪些常用工具？

 基础知识

可视化的历史悠久，从发现最早的壁画中的原始绘图和图像可以得知，古人早已学会通过表中的数字及黏土上的图像来呈现信息，但是它们并没有被称为可视化或数据的可视化。数据可视化是一个新术语，它不仅仅以图表的形式展现数据，还需要将数据背后的信息通过效果良好的图表直接揭示出来，帮助用户看到图表背后的数据结构。那么，通过这本书，我们一起来探索数据的可视化。

认识数据可视化
视频a——基础
概念

一、数据可视化基础概念

1.可视化的含义

可视化就是借助于图形化手段，清晰有效地传达与沟通信息，根据不同的用户，以他们最适合理解的方式将数据呈现出来。可视化就是一种展现信息的手段。然而，什么是信息？信息又从哪里来呢？

信息是处理后的数据，为实际问题提供答案。当我们增加一种关系或一个关联时，数据就成为信息。但是，并不是数据中所有的信息都是有价值的。我们的目标是挖掘并展现有价值的信息，摒弃无价值的信息。

假设某生产企业的业务部门需要展示汽车产量相关的信息，那就需要对汽车产量数据进行深入挖掘、统计和展示。我们可以利用汽车的实际产量和预期产量的数据报表呈现多种切面的产量信息。什么是切面？切面就是数据的角度。我们可以对"汽车类型"进行切片，从而展现汽车产量信息，也可以按照"年份"切片来展现产量信息。借助可视化技术，通过可交互且联动的可视化图表将汽车产量数据以用户最容易理解的方式展示出来，准确直观地传达了汽车产量数据中的实际产量与预期产量数据。

那么，什么是好的可视化呢？好的可视化有助于用户探索和理解数据，提供有价值的、深刻的观点。有效的可视化背后的主要原则是能够突出所需要表达的主要问题，根据用户的层次和背景，精确呈现数据并创造出能够清晰传达信息的可视化结果。数据可视化是一门艺术，没有绝对的对与错，也不存在完美的设计。只要设计出的可视化图表能清晰表达数据的内涵，用最短的时间让受众理解，就是一个好的可视化作品。

2.数据可视化的必要性

可视化给我们的第一感觉就是视觉冲击，这是传统数据往往不能做到的。可视化通过吸引眼球的可视化效果给予我们直观的视觉刺激，从而间接地刺激我们的大脑皮层去探索和理解数据。下面，我们来做一组对比。

在正常的业务环境中，数据表是数据被存储的常态。为了方便业务统计，我们通常将数据存储在二维数据表格中。它可能被存储于 Excel 表格或 WPS 文件中，或者各类数据库中。如某连锁超市部分运营数据如图 1-1 所示。

订单ID	订单日期	计划发货天数	客户名称	细分	城市	省/自治区	国家	地区	价格	数量	销售额	折扣	销售经理
CN-2017-2996094	2017年1月5日	6	戴虎	消费者	邯郸	山东	中国	华东	1.34	12	16.08	0	杨洪光
US-2017-5359863	2017年1月16日	6	涂博	消费者	长沙	湖南	中国	中南	10.25	12	123	0	王倩倩
CN-2017-5834678	2017年1月24日	6	李彩	消费者	榆树	吉林	中国	东北	8.24	12	98.88	0	郜杰
CN-2017-2381293	2017年1月27日	6	谢雷	消费者	沈阳	辽宁	中国	东北	5.93	12	71.16	0	郜杰
CN-2017-1501002	2017年2月1日	6	陈嫒	消费者	济宁	山东	中国	华东	7.59	12	91.08	0	杨洪光
US-2017-4364300	2017年2月16日	6	姚凤	消费者	襄樊	湖北	中国	中南	7.48	12	89.76	0	王倩倩
US-2017-3857264	2017年2月21日	6	韦绅	消费者	吴川	广东	中国	中南	8.8	12	105.6	0	王倩倩
CN-2017-4497265	2017年2月22日	6	罗震	消费者	平度	山东	中国	华东	8.64	12	103.68	0	杨洪光
CN-2017-2571041	2017年2月28日	6	周诚	消费者	上海	上海	中国	华东	5.41	12	64.92	0	杨洪光
CN-2017-4842730	2017年3月22日	6	谭耀	消费者	贵州	甘肃	中国	西北	10.67	12	128.04	0	江奕健
CN-2017-5717181	2017年3月15日	6	邹件	消费者	长沙	湖南	中国	中南	1.71	12	20.52	0	王倩倩
CN-2017-4950934	2017年3月23日	6	马丽娜	消费者	广州	广东	中国	中南	2.59	12	31.08	0	王倩倩
CN-2017-1564715	2017年4月1日	6	邓达侠	消费者	长春	吉林	中国	东北	1.21	12	14.52	0	郜杰
CN-2017-2182302	2017年4月4日	6	范别	消费者	信阳	河南	中国	中南	6.14	12	73.68	0	王倩倩
CN-2017-3211653	2017年4月24日	6	贺舟	消费者	韶关	广东	中国	中南	4.27	12	51.24	0	王倩倩
CN-2017-4985754	2017年4月26日	6	潘健	消费者	珲春	吉林	中国	东北	7.96	12	95.52	0	郜杰
CN-2017-1357144	2017年5月1日	6	丁菱楚	消费者	西安	陕西	中国	西北	8.53	12	102.36	0	江奕健
CN-2017-2766293	2017年5月4日	6	耿嘉	消费者	海口	云南	中国	西南	3.3	12	39.6	0	姜伟
US-2017-3360468	2017年5月17日	6	沈彩	消费者	咸阳	陕西	中国	西北	7.13	12	85.56	0	江奕健
CN-2017-2210906	2017年5月17日	6	周博	消费者	青州	山东	中国	华东	5.2	12	62.4	0	杨洪光
CN-2017-2396895	2017年5月21日	6	孙诚	消费者	滁州	安徽	中国	华东	8.04	12	96.48	0	杨洪光
CN-2017-5021484	2017年5月24日	6	曾伟	消费者	上海	上海	中国	华东	2.23	12	26.76	0	杨洪光
CN-2017-3737485	2017年5月29日	6	邵兰	消费者	石家庄	河北	中国	华北	2.76	12	33.12	0	张怡莲
CN-2017-3737485	2017年5月29日	6	邵兰	消费者	石家庄	河北	中国	华北	2.12	12	25.44	0	张怡莲
CN-2017-4448319	2017年5月31日	6	殷岭	消费者	涟源	湖南	中国	中南	5.56	12	66.72	0	王倩倩

图 1-1　某连锁超市部分运营数据

在可视化前，这就是一张普通的二维数据表。当数据量只有 10 行时，并不需要烦恼，将结果简单汇总上报就可以完成任务。当数据量有 100 行时，可能需要一张纸，一支笔，一个计算器，再多一点时间汇总结果即可。然而，在现实业务场景中，销售数据的数据量远比这大得多，这并不是多几张纸，多几支笔，多几个计算器或更多的时间就能解决的事。此时，可视化就发挥了极大的作用。可视化可以将那些所谓"死的、静态的"批量数据进行转换，改变其呈现方式，使数据变得更加直观、灵动与优美（可视化效果见图 1-2）。

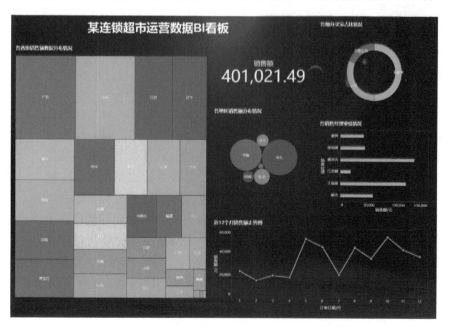

图 1-2　某连锁超市运营数据可视化看板

二、数据可视化分析流程

值得注意的是，可视化是一个过程，并不是一个结果。在生成各类可视化图表之前，我们还需要做大量数据处理的工作。因为用于可视化的数据往往是裸数据或数据分析的结果数据，其并不能直接用于数据可视化分析。我们还需要将其重新清洗、筛选、排序、转换，甚至建模等操作，最终再实现可视化设计。

认识数据分析可
视化——分析流
程视频

那么总的来说，可视化流程包括以下几步，如图 1-3 所示。

图 1-3　数据可视化分析流程

（1）连接数据源。用于可视化数据的来源多样。数据的来源有数据文件（TXT 文件、Excel 文件、CVS 文件等）、网络数据、各类数据库文件数据（SQL Server、MySQL、Oracle 数据库等）、云服务，等等。由于各类数据源的数据类型、数据格式、数据存储的形态都有很大差异，需要对来自各类数据源的数据进行统一处理。

（2）数据清洗。数据清洗是对数据进行审查和校验的过程，目的在于删除重复信息，纠正存在的错误并提供数据一致性。数据清洗是发现并纠正数据文件中可识别错误的最后一道程序，包括检查数据的一致性、处理无效值和缺失值等。由于数据的来源不同，避免不了有些数据是错误数据，有些数据相互之间有冲突，这些错误或有冲突的数据显然不是我们想要的。我们要按照一定的规则把这些"脏数据"洗掉，过滤那些不符合要求的数据，将过滤后的数据用于后续的数据转换。

（3）数据转换。可视化前的数据转换就是将数据转化成适合用于可视化设计的数据，并建立各数据表间关系的过程。也就是说，可视化的数据转换需要对数据进行拆分、合并、查询、计算等操作，将各个数据表转换成便于可视化操作的格式的数据表。另外，建立表关系的过程实际上就是数据建模。在数据表之间添加表关系，使整个数据集形成联动的整体，以供后续的数据可视化作业。

三、数据可视化评价标准

（1）准确确定数据可视化的主题。准确确定数据可视化的主题，即确定需要可视化的数据是围绕什么主题或者目的来组织的。业务运营中的具体场景和遇到的实际问题、公司层面的某个战略意图，都是确定数据可视化主题的来源和依据。比如，银行分析不同城市用户的储蓄率、储蓄金额，电商平台进行"双 11"的实时交易情况的大屏直播，物流公司分析包裹的流向、承运量和运输时效，向政府机构或投资人展示公司的经营现状等，都可以确定相应的数据主题。

认识数据分析可
视化——评价标
准视频

（2）正确选用切合可视化主题的数据。分析和评估一项业务的经营现状通常有不同的角度，这也就意味着会存在不同的衡量指标。同样一个业务问题或数据，因为思考视角和组织方式的不同，会得出截然不同的数据分析结果。基于不同的分析目的，所关注的数据之间的相互关系也截然不同，这一步实质上是在进行数据指标的维度选择。确定了要展示的数据指标和维度之后，就要对这些指标的重要性进行排序。通过确定用户关注的重点指标，才能为数据的可视化设计提供依据，从而通过合理的布局和设计，将用户的注意力集中到可视化结果中最重要的区域，提高用户获取重要信息的效率。

（3）做到根据数据关系确定图表。数据之间的相互关系，决定了可采用的图表类型。通常情况下，同一种数据关系，对应的图表类型是有多种方式可供选择的，确定图表的目的是更好地呈现数据中的现象和规律。

（4）合理进行可视化布局及设计。合理进行可视化布局及设计的要求，一是设计可视化布局，二是数据图形化的呈现。可视化设计的页面布局要遵循以下三个原则。

①聚焦：设计者应该通过适当的排版布局，将用户的注意力集中到可视化结果中最重要的区域，从而将重要的数据信息凸显出来，抓住用户的注意力，提高用户解读信息的效率。

②平衡：要合理地利用可视化的设计空间，在确保重要信息位于可视化空间视觉中心的情况下，保证整个页面的不同元素在空间位置上处于平衡，提升设计美感。

③简洁：可视化整体布局中要突出重点，避免过于复杂或影响数据呈现效果的冗余元素。

四、数据可视化常用工具

可视化工具的选择非常广泛，常用的有 Excel、Tableau、Power BI、FineBI、JavaScript、Python 等。下面我们对市面上使用率较高的工具进行介绍。

认识数据分析可视化——常用工具视频

Tableau 是用来做数据的管理和数据可视化的工具，是在整个数据科学从业公司中非常流行的且非常好用的数据管理及可视化软件。Tableau 将数据运算与美观的图表完美地嫁接在一起。它的程序很容易上手，各公司可以用它将大量数据拖放到数字"画布"上，转眼间就能创建好各种图表。Tableau 的理念是使界面上的数据更容易操控。然而 Tableau 正式版的价位非常高，这对规模较小的公司和企业来说是笔不小的负担，因此也使很多人望而却步。

Power BI 是一套非常强大的商业分析工具，集合了 Power Query（查询编辑器）、Power Map（表关系管理）、Power Pivot（数据透视图）、Power View（数据视图）四个模块。Power BI 可将各类数据源集成，对数据进行清理、加工、建模，最终生成可视化图表。Power BI 提供了很多炫酷的内置图表，也为程序语言（R 语言和 Python）的调用提供了接口。可以说，Power BI 就是 Excel 的升级版。

Microsoft Excel 可以算是数据分析领域中的元老了，简称 Excel，由微软公司开发。在 Excel 2010 之前的版本中就已具备非常全面的数据分析功能了，但其能处理的数据量非常有限。因此在 Excel 2010 版本之后，微软公司开发了 Power Pivot 插件，即数据透视图的插件，弥补了 Excel 对批量数据处理的缺陷。在 Excel 2016 版本中，Power Pivot 插件也被移除了，微软公司直接将数据透视图的功能内嵌入 Excel 中，使该模块成为最常用的数据分析工具。

在可视化工具的选择上，不一定要选择最高端的，也不一定要选择最贵的。选择时最好能考虑到该工具在行业中使用的流行度与广泛度，综合其各方面的利弊择优选择。当然对于刚入门的新手，只要选择自己最擅长、用得最顺手的工具即可。在本书中，我们着重学习 Microsoft Excel 2019 中的可视化设计。当然，在最后的模块中，我们还会拓展介绍 FineBI 可视化分析工具的使用，给予学者们一些可视化领域中其他可视化相关知识的学习和衍生。

任务实施

案例分析　　　　某汽车生产企业汽车产量数据看板

　　小明是某汽车生产企业的实习员工。上周，经理分配给小明一个任务，需要他对企业自 1998 年来历年汽车的预期产量与实际产量数据进行统计，并在部门的例会中完成汽车产量数据的汇报。起初，面对这上万条销售数据，小明根本无从下手。如何将数据在汇报时清晰直观地展示出来呢？同事小张给出一个建议，他建议小明将数据转化为可视化图表，通过炫酷的图表来展示这些数据。小明觉得方案很可行，于是他将汽车产量数据切分为几个切面，针对每个切面制作相应的可视化图表，最终将汽车产量分析结果展现在一张可交互的数据看板中，如图 1-4 所示。

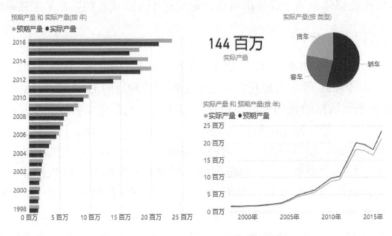

图 1-4　某汽车生产企业汽车产量数据看板

　　部门例会上，小明将报表展示出来，并针对每个图表进行了详细的演说，赢得了领导们的一致好评。

　　问题：
　　1. 你觉得小明的策略合适吗？
　　2. 假如你是小明，你会怎么做？

　　面对海量数据时，人们无法再通过数据直观地展示数据，可视化手段则成为最有效展现数据价值的方式之一。可视化利用丰富的图形化的手段来传达数据中的信息。在本案例中，汽车产量数据量必然不小，小明寻找了一种展现汽车产量数据的方式，即将汽车产量数据制作成数据看板。通过可交互的数据看板，小明向领导直观地介绍了汽车产量相关的各个切面数据的分析结果，使领导更有效地接收到海量数据中那些有价值的可用于辅助决策的信息，因此最终赢得领导们的赞扬。

✏️ **拓展练习**

制作某明星参加综艺节目频次统计图

小颖很爱追星，她非常喜欢明星杨某。为了能及时获取杨某的动态，她加入了杨某的粉丝后援会。后援会会长请小颖做一个杨某自出道以来参加综艺节目频次的统计图，小颖欣然接受。那么小颖如何完成任务呢？

步骤1：获取数据源。从百度百科中找到杨某参加综艺节目的数据，如图1-5和图1-6所示。

图1-5 明星杨某百度百科页面

图1-6 明星杨某参加综艺数据记录

步骤 2：采集数据。在杨某的百度百科页面中，找到杨某历年来参加综艺活动的表格，选中表格数据，将其复制粘贴至 Excel 中，部分结果如图 1-7 所示。

	A	B	C
1	播出时间	节目名称	简介
2	2020/7/31	元气满满的哥哥	湖南卫视[93]
3	2020/3/21	快乐大本营	20200321期[94]
4	2020年2月22日	《快乐大本营》	湖南卫视[95]
5	2018年9月1日	《快乐大本营》	
6	2018/3/9	《信中国》	央视一套CCTV综合频道，朗读黄继光家书[97]
7	2018-02-25	《面对面》	央视新闻频道栏目"春晚面孔"专访[98]
8	2016年9月24日	《快乐大本营》	
9	2016年7月18日	《摩登派VOL109——杨洋 巴黎最艺术的地方就在玛黑区》	腾讯视频
10	2018-02-15	2018年中央电视台春节联欢晚会	与王凯演唱歌曲《我的春晚我的年》[99]
11	"2018/2/3	直通春晚	央视三套[100]
12	"2018/1/28"	阅文超级IP风云盛典暨第三届中国原创文学风云榜盛典	湖南卫视[101]
13	2017/12/31	湖南卫视2017-2018跨年演唱会	演唱歌曲《就像是IDOL》、《爱的力量》[102]
14	2017/8/10	大片起来嗨	优酷视频[103]
15	2017/5/4	"五月的鲜花"五四青年节晚会	央视一套[104]
16	2016年9月24日	《快乐大本营》	
17	2016年7月18日	《摩登派VOL109——杨洋 巴黎最艺术的地方就在玛黑区》	腾讯视频
18	2016/2/7	2016年中央电视台春节联欢晚会	与歌唱家佟铁鑫合唱歌曲《父子》

图 1-7　复制数据到 Excel 中

步骤 3：数据清洗。数据清洗指的是对数据进行重新审查和校验的过程，目的在于删除重复信息，纠正存在的错误，并提供数据一致性。最初获取到的数据其实是未经任何处理过的裸数据，往往存在许多“脏数据”，会导致数据错误、不一致、空值等问题。根据数据分析需求，对其进行调整，如图 1-8 所示。

	A	B	C
1	播出时间	节目名称	简介
2	2020/7/31	元气满满的哥哥	湖南卫视[93]
3	2020/3/21	快乐大本营	20200321期[94]
4	2020年2月22日	《快乐大本营》	湖南卫视[96]
5	2018年9月1日	《快乐大本营》	湖南卫视[96]
6	2018/3/9	《信中国》	央视一套CCTV综合频道，朗读黄继光家书[97]
7	2018-02-25	《面对面》	央视新闻频道栏目"春晚面孔"专访[98]
8	2016年9月24日	《快乐大本营》	湖南卫视
9	2016年7月18日	《摩登派VOL109——杨洋 巴黎最艺术的地方就在玛黑区》	腾讯视频
10	2018-02-15	2018年中央电视台春节联欢晚会	与王凯演唱歌曲《我的春晚我的年》[99]
11	"2018/2/3	直通春晚	央视三套[100]
12	"2018/1/28"	阅文超级IP风云盛典暨第三届中国原创文学风云榜盛典	湖南卫视[101]
13	2017/12/31	湖南卫视2017-2018跨年演唱会	演唱歌曲《就像是IDOL》、《爱的力量》[102]
14	2017/8/10	大片起来嗨	优酷视频[103]
15	2017/5/4	"五月的鲜花"五四青年节晚会	央视一套[104]
16	2016年9月24日	《快乐大本营》	湖南卫视
17	2016年7月18日	《摩登派VOL109——杨洋 巴黎最艺术的地方就在玛黑区》	腾讯视频
18	2016/2/7	2016年中央电视台春节联欢晚会	与歌唱家佟铁鑫合唱歌曲《父子》

图 1-8　数据清洗

根据小颖的需求，为了统计杨某参加综艺活动次数的时间，只需要对“播出时间”列进行频次统计即可，如图 1-9 所示。然而仔细观察后发现，“播出时间”列中的时间格式并不统一，还需进行转换。因此，我们就需要进入下一环节。

	A	B	C
1	播出时间	节目名称	简介
2	2020/7/31	元气满满的哥哥	湖南卫视[93]
3	2020/3/21	快乐大本营	20200321期[94]
4	2020年2月22日	《快乐大本营》	湖南卫视[95]
5	2018年9月1日	《快乐大本营》	湖南卫视[96]
6	2018/3/9	《信中国》	央视一套CCTV综合频道，朗读黄继光家书[97]
7	2018-02-25	《面对面》	央视新闻频道栏目"春晚面孔"专访[98]
8	2016年9月24日	《快乐大本营》	湖南卫视
9	2016年7月18日	《摩登派VOL109——杨洋 巴黎最艺术的地方就在玛黑区》	腾讯视频
10	2018-02-15	2018年中央电视台春节联欢晚会	与王凯演唱歌曲《我的春晚我的年》[99]
11	"2018/2/3	直通春晚	央视三套[100]
12	"2018/1/28"	阅文超级IP风云盛典暨第三届中国原创文学风云榜盛典	湖南卫视[101]
13	2017/12/31	湖南卫视2017-2018跨年演唱会	演唱歌曲《就像是IDOL》、《爱的力量》[102]
14	2017/8/10	大片起来嗨	优酷视频[103]
15	2017/5/4	"五月的鲜花"五四青年节晚会	央视一套[104]
16	2016年9月24日	《快乐大本营》	湖南卫视
17	2016年7月18日	《摩登派VOL109——杨洋 巴黎最艺术的地方就在玛黑区》	腾讯视频
18	2016/2/7	2016年中央电视台春节联欢晚会	与歌唱家佟铁鑫合唱歌曲《父子》

图 1-9　“播出时间”列

步骤 4：数据转换。对于一些数据格式不正确、不统一的列数据，需要对其进行转换，将其纠正。本例中，首先需要对"播出时间"列进行格式转换，然后再进行重新排序，如图 1-10 所示。

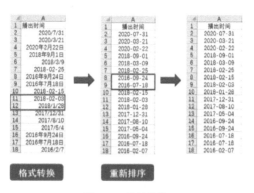

图 1-10 数据转换

步骤 5：数据计算与整理。根据上面步骤的分析，我们只需要使用"年份"列计算每年该明星参加综艺次数的频次即可，因此，我们在新列 G 中将排好序的年份进行提取，并计算相应频次，如图 1-11 所示。

图 1-11 数据计算与整理

步骤 6：数据可视化。——转换后，选中数据区域，插入柱形图，如图 1-12 所示。

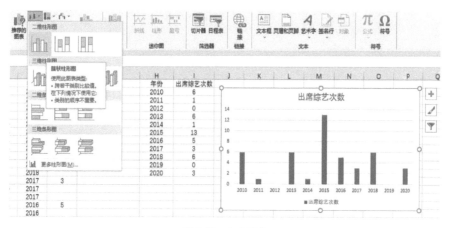

图 1-12 生成图表

修改柱形图的填充颜色，修改图表标题，取消显示纵向坐标轴后，最终生成统计图表，如图 1-13 所示。

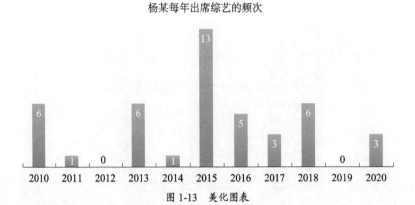

杨某每年出席综艺的频次

图 1-13　美化图表

　　准备好用于可视化设计的数据是进行可视化设计的前提。小颖最初获取到的数据其实是裸数据。裸数据是未经任何处理的数据。裸数据通常是统计前的第一手数据，往往存在诸多"脏数据"，会导致数据错误、不一致、空值等问题。在本案例中，小颖发现抓取的数据中存在空值、数据类型错误等问题。因此，有必要对裸数据进行清洗，将其中的"脏数据"洗掉。整个过程依照可视化流程进行。

任务总结

　　（1）可视化就是借助于图形化手段，清晰有效地传达与沟通信息，根据不同的用户，以他们最适合理解的方式将数据呈现出来。

　　（2）有效的可视化背后的主要原则是能够突出所需要表达的主要问题，根据用户的层次和背景，精确呈现数据并创造出能够清晰传达信息的可视化结果。

　　（3）可视化可以将那些所谓"死的、静态的"批量数据进行转换，改变其呈现方式，使数据变得更加直观、灵动与优美。

　　（4）可视化是一个过程，并不是一个结果。可视化流程包括连接数据源、数据清洗、数据转换和数据可视化。

任务二　了解 Excel 图表结构

任务目标

　　对业务数据进行可视化处理与展现。

任务分析

（1）Excel 2019 中内置图表的种类有哪些？

（2）对现有数据结构进行分析，思考应选择何种图表展现数据？

（3）Excel 图表元素的功能及其对应的应用技巧有哪些？

（4）Excel 中图表制作的流程是什么？

基础知识

一、Excel 中的图表类型

选择可视化工具时，Microsoft Excel 是最常用的一款可视化工具了。特别是在绘制二维图像方面，Excel 是当之无愧的屠龙宝刀。它不仅能绘制出各种软件所展示的图像效果，也能通过自己控制所有的图表元素。本书中，我们将以 Microsoft Excel 2019 为例，进行 Excel 可视化部分的学习。

了解 Excel 图表
结构视频

Excel 2019 中一共提供了 17 类图表类型，如图 1-14 所示，分别包括了柱形图、折线图、饼图、条形图、面积图、XY 散点图、地图、股价图、曲面图、雷达图、树状图、旭日图、直方图、箱形图、瀑布图、漏斗图、组合图。其中树状图、旭日图、直方图、箱形图、瀑布图是在 Excel 2019 中新增的图表。

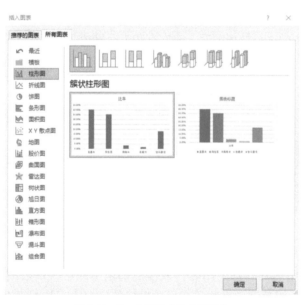

图 1-14　Excel 2019 中的内置图表

面对诸多图表，如何选择有效的图表类型呢？按照国外的专家 Andrew Abela 提出的观点将图表与其呈现的数据关系分为四类——比较、分布、构成、联系，我们可将 Excel 2019 中的图表绘制成一份图表类型的选择指南，如图 1-15 所示。在实际业务场景中，根据数据本身的特点及可视化展现的需求，按照该图中的分类指导，基本上就可找到适用的图表了。

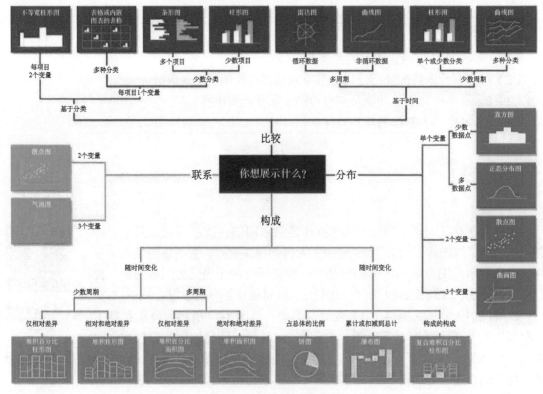

图 1-15　可视化图表选择指南

在掌握了图表类型的选择技巧之后，或许有些人会疑惑，是否必须掌握上述这些图表类型的制作方法，才能制作出高质量的商务图表呢？显然，答案是否定的。在实际工作中，我们可以发现最常用的图表类型始终离不开三类基础图表：柱形图、折线图和饼图，如图 1-16 所示。

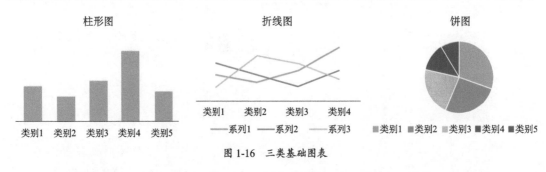

图 1-16　三类基础图表

大家在实际工作中遇到的各类图表，大体上都是上述三类图表的变形或二次组合，比如：柱形图＋折线图＝组合图。因此，在后续模块的学习中，我们将以此三类基础图表为目标进行深入学习，并由点及面，掌握 Excel 2019 中可视化制图的核心操作。

二、Excel 图表元素的功能及应用技巧

Excel 图表提供了丰富的图表元素，每个图表元素都是图表中可以调整设置的最小单元，为我们作图提供了相当的灵活性。Excel 中主要的图表元素主要包含以下几类，如图 1-17 所示。

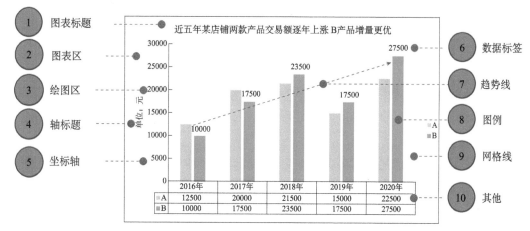

图 1-17　Excel 中的图表元素

①图表标题：用于描述图表的内容或者作者的结论，是图表核心观点的载体，一般位于图的上方。

②图表区：整个图表对象所在的区域，用于存放图表所有元素的区域以及其他添加到图表当中的内容，相当于一个容器。

③绘图区：位于图表区内部，仅包含数据系列图形的区域，与图表区一样，可调整大小。

④轴标题：对于含有横轴、纵轴的统计图，需要有标识各坐标轴的名称，其备注通常为图表的"单位"或其他信息。

⑤坐标轴（横纵）：可根据坐标轴的方向分为横纵坐标轴，也可称作主坐标轴 / 次坐标轴。复杂的图表需要构建多个坐标轴。数轴刻度应等距或具有一定的规律性，并标明数值。横轴刻度自左向右，纵轴刻度自下而上，数值一律由小到大。

⑥数据标签：针对数据系列的内容、数值或名称等进行锚定标识。根据数据源绘制的图形，用来形象化地反映数据，是图表的核心。

⑦趋势线：模拟数据变化趋势而生成的预测线。

⑧图例：用于标识图表中各类系列格式的图形（颜色、形状、标记点）代表图表中具体的数据系列。

⑨网格线：用于各坐标轴的刻度标识，作为数据系列查阅时的参照对象。网格线主要包括主要和次要的水平、垂直网格线 4 种类型，分别对应 y 轴和 x 轴的刻度线。在折线和直方图中，一般使用水平网格线作为数值比较大小的参考线。

⑩其他：根据数据呈现需要，插入图表的其他内容，如文本框、数据表等，或者记录图表信息的来源、统计数据截止日期、制作单位等内容。

其实，只要改变 Excel 的图表元素，就可以创造出很多不同形式的图表，所以这也是 Excel 区别于其他可视化编程软件的优势。通过修改图表元素，就可以创造符合各种场合的图表。

三、Excel 图表制作流程

在 Excel 中，制作图表的基本流程如图 1-18 所示。

Excel 图表制作
流程视频

整理Excel数据源　　　　　确认Excel图表主题　　　　　制作Excel商务图表

图 1-18　Excel 图表制作流程

1. 整理数据源

我们所分析的数据源通常有各类数据文件，或者不同种类的数据库，又或者云数据。在可视化前，我们务必要将数据源全部理清楚，并且弄清不同数据的来源，才可对数据进行可视化的操作。"完整、清晰、准确"的数据源是数据可视化的前提。如果我们最开始获取到的数据是滞后的或错误的，那么即便最终设计完成的可视化图表再美观、再炫酷，也于事无补。

在数据整理的过程中，我们可以使用单元格自定义格式、数据有效性、函数公式、外部数据导入的技巧，以完成数据的快速录入与整理。当然，最终我们还需通过数据透视表的构建，完成基础数据的快捷整理，并且实现数据源增减变化时透视结果的联动更新，让数据结果及时有效地反映出当前业务的实际情况。

2. 确认图表主题

一份好的商务图表，其核心目标就是要传达业务的关键信息。通过浏览图表，用户可以直观地获取到其最关心的关键指标。然后，围绕这个指标主题设计合理的图表呈现方式，或者做多个图表的合理布局与规划。如 2020 年天猫"双 11"活动展示的专业商务图表，如图 1-19 所示。2020 年天猫"双 11"全球狂欢季的实时成交额突破 4982 亿元。

图 1-19　2020 年天猫"双 11"成交数据看板

从可视化展屏中可以发现，该展屏遵循了"先总后分"的布局原则。用户最关注的是成交额信息，因此展屏中将业务中的 KPI 数据即成交总金额放在最显眼的位置，并以大号字体且更醒目的方式显示。其他非核心内容依次从左往右、从上往下布局。当然，除了必要的图表信息外，我们可能还需要加注其他内容，包括数据来源、截止日期、重点结论改进方案等，使得整体可视化设计显得更加完整和专业。

这里要多说一点，在可视化设计时务必要注意数据展现的粒度，也就是说，我们要学会抓重点。举个例子，在部门例会上需要向老板汇报近阶段的销售情况，该如何汇报呢？这里我们就要先抓重心了。老板最关心的指标当然是近期的销售总额了，他需要知道近期的销售业绩是否达标，而不是各个订单的明细。然而，订单明细重要吗？当然重要，只是我们在汇报的时候要分清主次。在后续渐进明细的过程中，再具体介绍每个订单的详情信息即可。

3. 制作商务图表

在掌握了 Excel 图表编制的基础上，我们就可以进行图表的制作了。选择合理的图表，并根据需求进行图表的设计和美化。

该如何制作 Excel 商务图表呢？结合下面的任务，给大家分享几个小妙招。

 任务实施

制作利润转化漏斗图视频

制作利润转化漏斗图

我们知道，Excel 2019 中有内置的漏斗图模型，我们暂且先不使用，这里先通过自我构建的方式来创建一个属于我们自己的漏斗图。以利润漏斗图为例，数据如图 1-20 所示。

然而，当前的数据是很难帮我们直接生成一个漏斗图的。也就是说，很多时候我们获取到的数据源并不是直接适用于可视化图表设计的格式。这时候就需要做一些转换，将源数据进行重新整理。特别是在某些商务场景中，往往需要使用一些个性化辅助列帮助我们去构建一些图表的呈现效果，就像图 1-20 中所添加的辅助列一样。

▲	A	B	C
1	项目	金额	辅助列
2	售价	100	0
3	毛利	40	30
4	净利润	25	37.5
5	税后所得	10	45

图 1-20 利润数据

当我们选中表格中所有数据后，在"插入"选项卡下，选择创建"堆积条形图"，生成的图表如图 1-21 所示。

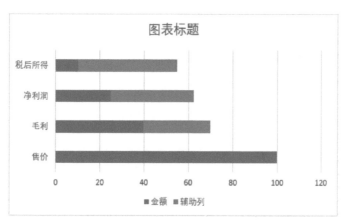

图 1-21 插入堆积条形图

选中图表，在"设计"选项卡下的"数据"功能区中选择"选择数据"，如图 1-22 所示。

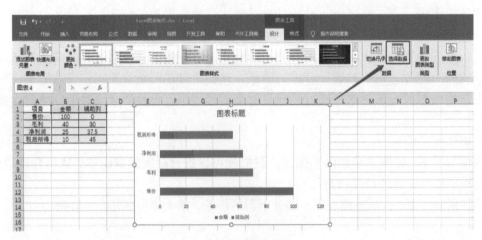

图 1-22　选择数据

再在打开的"选择数据源"对话框中，选中"辅助列"系列，然后单击向上调整的按钮，将辅助列顺序往前调整，如图 1-23 所示。调整后，效果如图 1-24 所示。

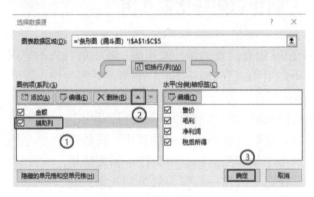

图 1-23　调整辅助列

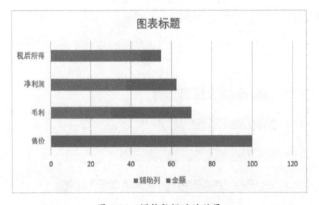

图 1-24　调整数据后的效果

选中 y 轴坐标，在页面右边的"设置坐标轴格式"功能区下，在"坐标轴选项"选项卡下勾选"逆序类别"，如图 1-25 所示。此时，图表呈现如图 1-26 所示。

图 1-25 逆序类别

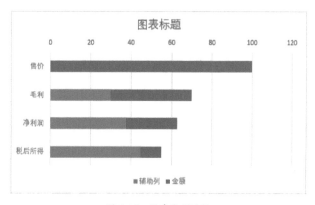

图 1-26 逆序类别效果

此时图表已经成型，我们还需要做一些美化的工作。将 x 轴的最大刻度调整为 100，将辅助列的条形图填充为白色，设置不显示图表标题、图例、网格线和 x 轴刻度，再分别修改各个长方条的颜色，使其呈现渐变的颜色，如图 1-27 所示。一个简约的利润漏斗图就完成了。

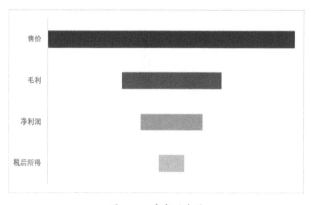

图 1-27 生成漏斗图

这里要多说一点，在 Excel 中当我们遇到任何图表问题时，只要选中对应的元素，然后，在弹出的快捷菜单中选择相关选项即可。在制作商务图表的时候，单击鼠标右键，我们就可以打开对应的图表信息设置选项。例如，当我们选中整个图表时，单击鼠标右键，就出现了"设置图表区域格式"选项；当我们选中坐标轴时，单击鼠标右键，则出现"设置坐标轴格式"选项；当我们选中数据项时，单击鼠标右键，则出现"设置数据系列格式"选项等。Excel 2019 设计得非常人性化，当我们选中任意元素的设置选项后，该窗格都会在工作区域的右侧出现。根据鼠标选择的元素不同，其将呈现出不同的设计状态。

在上例中，选中漏斗图中的数据项，单击鼠标右键，选择"设置数据系列格式"，选项界面如图 1-28 所示。

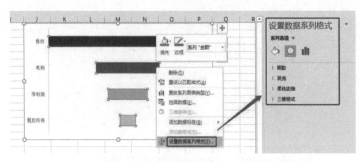

图 1-28 设置数据系列格式

拓展练习

一、妙用 Ctrl+C 与 Ctrl+V

在处理 Excel 数据文件时，有很多常用的快捷键。大部分快捷键不仅适用于数据表格，也可用于图表设计中，就如我们最常用的复制功能（Ctrl+C）与粘贴功能（Ctrl+V）。熟练掌握这两个快捷键可以使我们的图表设计过程实现意想不到的便利。

我们以某企业各部门平均工资数据为例，生成柱形图如图 1-29 所示。

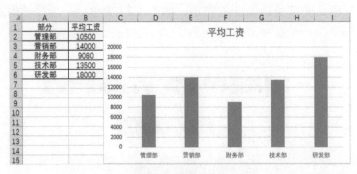

图 1-29 插入柱形图

在默认情况下，图表会使用默认颜色进行填充，而直接使用默认颜色填充会显得图表特别沉闷且无趣。此时，我们可以插入一个自定义小图标，选中它后，按 Ctrl+C 快捷键复制，再单击图表区域中的数据系列，按 Ctrl+V 快捷键粘贴即可，如图 1-30 所示。

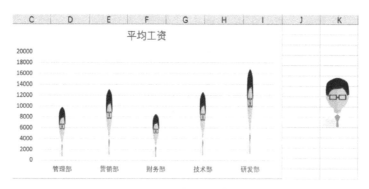

图 1-30　插入小图标

　　粘贴后，我们会发现，插入的自定义小图标有些变形，看起来并不美观。此时，只要单击选中柱形图中的数据系列，右击（即单击鼠标右键），选择"设置数据系列格式"选项，在右侧的设置区域中，找到"填充与线条"选项卡。在填充选项卡下选择"图片或纹理填充"，然后改变图片的填充方式为"层叠"，就可出现如图 1-31 所示的效果了。

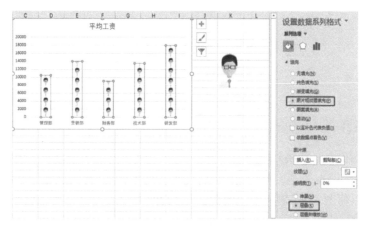

图 1-31　设置叠层效果

二、巧用图表中的"+"号

　　对于图表元素的添加，最直接最简单的方式就是选中图表后，在图表的右上角处会出现一个"+"字的符号，单击它，就可自行选择常用的图表元素，如图 1-32 所示。

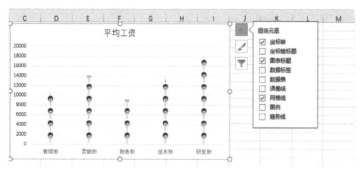

图 1-32　图表右上角"+"号

当展开"+"字符号后，我们可以任意添加或删除坐标轴、坐标轴标题、图表标题、数据标题、数据表、误差线、网格线、图例及趋势线。针对不同的元素，也可对其进行进一步设置。以"坐标轴"为例，将光标放在坐标轴选项上，会出现一个小三角，如图1-33所示，单击该小三角，就可将其所有选项展开。此时，我们再选择"更多选项"，页面右边就会跳出"设置坐标轴格式"设置区域。在此区域中就可以对坐标轴进行调整了。可以发现，此功能与前面所介绍的"单击鼠标右键"，选择"设置坐标轴格式"的功能类似。

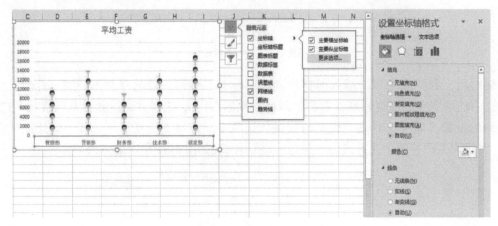

图1-33 单击小三角

 ## 任务总结

（1）Excel 2019中一共提供了17类图表类型，分别包括了柱形图、折线图、饼图、条形图、面积图、XY散点图等，其中柱形图、折线图、饼图三类图表是最基础的业务图表。

（2）我们可以将图表与其呈现的数据关系分为四类：比较、分布、构成、联系。

（3）Excel中的图表元素主要包含图表标题、绘图区、轴标题、横纵坐标轴、数据标签、趋势线、图例、网格线等。

（4）Excel图表制作的基本流程：整理数据源、确认图表主题、制作商务图表。

 ## 课后习题

1. 单选题

（1）可视化分析的流程不包含（　　）环节。

A. 数据采集　　　　　B. 数据清洗　　　　　C. 数据转化　　　　　D. 可视化映射

（2）图表与其呈现的数据关系不包括（　　）。

A. 比较　　　　B. 分布　　　　C. 构成　　　　D. 占比

（3）Excel图表制作的流程不包括（　　）。

A. 整理数据源　　　　B. 确认图表主题　　　　C. 数据分析　　　　D. 制作商务图表

（4）数据中可通过（　　）来展现不同维度的信息。

A. 行　　　　B. 列　　　　C. 切面　　　　D. 图表

（5）可视化的宗旨是利用（　　）来展现批量数据，通过改变其呈现方式，使其变得更易于观察。

A. 圆环　　　　　　B. 可视化图表　　　　　C. 扇形　　　　　D. 图表标题

（6）以下（　　）不是可视化的常用工具。

A. Tableau　　　　　B. Word　　　　　C. Power BI　　　　　D. Microsoft Excel 2019

（7）Excel 中填充数据系列时，可使用（　　）快捷键实现图像填充。

A. Ctrl+C 和 Ctrl+V　　　　　　　　B. Ctrl+X 和 Ctrl+V

C. Ctrl+A 和 Ctrl+V　　　　　　　　D. Ctrl+C 和 Ctrl+D

（8）以下（　　）可视化工具需要付费使用，成本较高。

A. Tableau　　　　　B. PPT　　　　　C. Power BI　　　　　D. Microsoft Excel 2019

（9）以下（　　）可视化工具是使用普遍度最广的。

A. Tableau　　　　　B. PPT　　　　　C. Power BI　　　　　D. Microsoft Excel

（10）以下说法中错误的是（　　）。

A. 数据可视化没有绝对的对与错，也不存在绝对完美的设计

B. 只要设计出的图表能清晰有效地表达信息，就是好的可视化作品

C. 可视化就是一种展现信息的手段

D. 只要可视化设计需要，可以随意修改源数据

2. 判断题

（1）数据可视化是一门艺术，没有绝对的对与错，也不存在绝对完美的设计。（　　）

（2）只要设计出的图表能清晰地表达数据的信息，用最短的时间让受众理解，就是一个好的可视化作品。（　　）

（3）可视化就是一种展现信息的手段。（　　）

（4）切面就是展现数据的角度。（　　）

（5）好的可视化有助于用户探索和理解数据，提供有价值的、深刻的观点。（　　）

（6）通过快捷键 Ctrl+A 与 Ctrl+V 可以实现图表的填充。（　　）

（7）可视化是一个结果，并不是一个过程。（　　）

（8）我们可以将图表与其呈现的数据关系分为四类：比较、分布、构成、联系。（　　）

（9）图表标题用于描述图表的内容或者作者的结论，是图表核心观点的载体。（　　）

（10）对于图表元素的添加，最直接最简单的方式就是选中图表后，在图表的右上角处会出现一个"+"字的符号，单击它，就可自行选择常用的图表元素。（　　）

模块二

Excel基础可视化图表

知识目标

※ 掌握柱形图系列图表的特点、优缺点及适用场景；

※ 掌握折线图系列图表的特点、优缺点及适用场景；

※ 掌握饼图系列图表的特点、优缺点及适用场景；

※ 了解常见业务图表的特点、优缺点及适用场景。

技能目标

※ 了解业务图表制作的基本流程；

※ 具备结合不同的业务场景和用户需求设计相应可视化图表的能力；

※ 掌握 Excel 中基础图表创建及美化的能力；

※ 掌握 Excel 中常见业务图表制作及美化的技巧。

思政目标

※ 培养良好的可视化制图的思维和习惯；

※ 具备数据分析从业人员耐心细心的工作态度；

※ 追求数据可视化过程中的客观性和真实性，做到不误导、不伪造数据。

任务一　制作柱形图系列图表

 任务目标

制作柱形图系列图表。

任务分析

（1）柱形图系列图表的特点及其适用场景有哪些？

（2）常见柱形图的制作方法和技巧有哪些？

（3）业务图表中柱形图的制作技巧有哪些？

基础知识

制作柱形图系列
图表视频

柱形图是一种以长方形的长度或长方体的高度来表达数据的统计报告图，由一系列长度 / 高度不等的纵向长方形 / 长方体组成，如图 2-1 所示。在业务场景中，柱形图适合用于展示二维数据的分布情况。

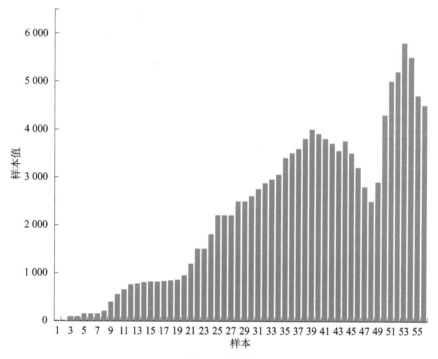

图 2-1　柱形图

在柱形图中，x 轴通常表示需要对比的分类维度，如时间、类型等。y 轴通常展现相应分类的数值，如产量、销量、计数等。当然，柱形图在同一个维度上也可以实现多个同质可对比指标的比较。但总的来说，柱形图中往往只限二维数据中其中一个维度的对比，不可以同时进行两个维度数据的比较。

柱形图通过柱子的高度来展示数据，不仅实现了单一维度的数据比较，简单直观地展示了数据的大小，同时也实现了跨类别的数据比较，使用户可以更方便地衡量各组同质数据之间的差别。然而，柱形图并不是完美的。当我们展示的柱子越来越多时，柱形图从左到右无限扩展，最靠近 y 轴的柱子和距离 y 轴最远的柱子之间的比较便不再直观了，如图 2-2 至图 2-3 所示各国疫情累计确诊人数统计数据中，若要比较美国与丹麦的累计确诊人数情况，或许我们需要拉动横向坐标轴才可以找到距离较远的柱子。在此情况下，柱形图简单直观的优点便不复存在。因此，柱形图并不适合较大数据集的展现。

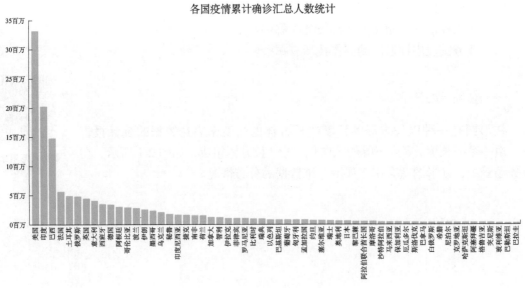

图 2-2　各国疫情累计确诊汇总人数统计

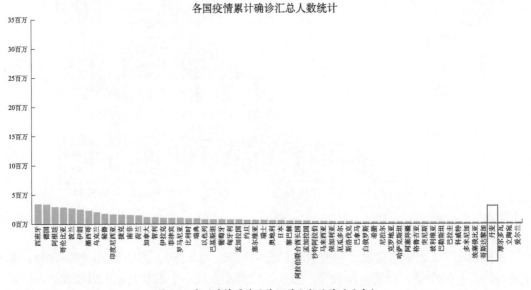

图 2-3　各国疫情累计确诊汇总人数统计（丹麦）

通常来说，柱形图的 x 轴总是时间维度，用户会习惯性地认为数据存在时间趋势。当然这不是必然的，只是用户习惯性的认知。当遇到 x 轴不是时间维度的情况时，为了引起用户的注意，我们建议用颜色来区分每根柱子，以此来提醒用户对 x 轴的关注。如展示某汽车生产企业货车、轿车和客车的总实际产量，生成柱形图如图 2-4 所示。

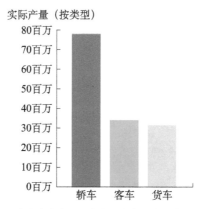

图 2-4　某汽车生产企业各类型汽车的实际产量统计图

在 Excel 2019 中，柱形图主要分为二维柱形图和三维柱形图两大类，如图 2-5 所示。

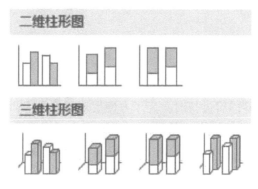

图 2-5　Excel 中柱形图分类

而在普遍业务中，最常用的是二维柱形图，其包含了堆积柱形图、簇状柱形图和百分比堆积柱形图。我们将三类二维柱形图的特征通过表格汇总进行对比，如表 2-1 所示。

表2-1　柱形图的种类与特征

柱形图类别	显示方式	序列对比	总量对比	图表样式
堆积柱形图	不同的序列在同一柱子上显示	弱	强	
簇状柱形图	不同序列使用不同的柱子	强	弱	
百分比堆积柱形图	与堆积柱形图类似，不同序列在一根柱子上显示	弱，显示各序列的相对大小，y 轴标签变为百分比	无法比较，每根柱子都一样高	

条形图与柱形图相似，是一种以长方形的长度或长方体的高度来表达数据的统计报告图，由一系列长度/高度不等的横向长方形组成。实际上，条形图就是把柱形图顺时针转动90°的结果，如图 2-6 所示。

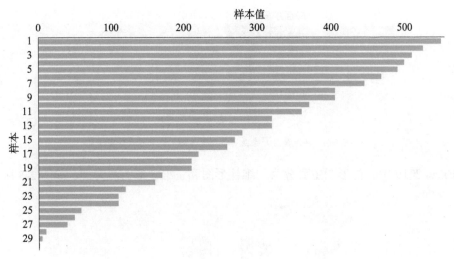

图 2-6　条形图

当柱形图 x 轴中的标签内容过长时，为了方便展现标签内容，便建议使用条形图。条形图继承了柱形图几乎所有的优缺点。条形图同样适用于二维小数据集，展示数据的分布情况。与柱形图相反，条形图的 y 轴通常为分类维度，x 轴为数值维度，且只有一个维度需要比较。

但是与柱形图略微不同的是，条形图在一定程度上能更好地展现数据条之间的差异情况。这是因为人们对于事物的视觉认知通常都是从上到下、从左到右的，对于横向摆放柱子的条形图来说，用户对其展示的柱子长度的差异更为敏感。垂直方向的角度更能直观地比较出柱子的长短。

在 Excel 2019 中，条形图也分为二维条形图和三维条形图，如图 2-7 所示。

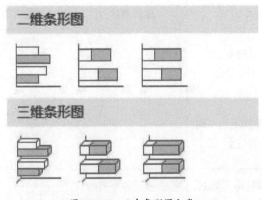

图 2-7　Excel 中条形图分类

二维条形图是最常用的类别，包含了簇状条形图、堆积条形图和百分比堆积条形图。我们同样将三类条形图的特征通过表格汇总进行对比，如表 2-2 所示。

表2-2 条形图的种类与特征

条形图类别	显示方式	序列对比	总量对比	图表样式
堆积条形图	不同的序列在同一柱子上显示	弱	强	
簇状条形图	不同序列使用不同的柱子	强	弱	
百分比堆积条形图	与堆积条形图类似,不同序列在一根柱子上显示	弱,显示各序列的相对大小,x轴标签变为百分比	无法比较,每根柱子都一样高	

柱形图与条形图的选择,需要用户根据实际业务中的场景、数据的特性及可视化展示的要求进行择优选择与套用。

 任务实施

填充柱形图

Excel 中生成的内置图表通常是以默认颜色填充的,特别是像柱形图这类填充面积较大的图表,确实看起来会显得十分单调。此时,我们可以改变填充方式使得整个图表变得生动、有趣。

总的来说,图表的填充方式有很多,选中柱形图中的柱子,右击选择"设置数据系列格式"选项,再在右边的"填充与线条"选项卡下展开"填充"设置区域,就可以看到所有填充选项了,如图 2-8 所示,包括无填充、纯色填充、渐变填充、图片或纹理填充、图案填充等。除了"图片填充"的方式外,其他均为内置的填充方式,个性化设置的范围比较少。因此,下面我们主要为大家介绍"图片填充"的方式。

图 2-8 Excel 图表填充方式

常用的"图片填充"方式有内置图形填充和外部图片填充。其实现的原理基本相同,都是在插入一个图形或者一张图片后,通过按 Ctrl+C 和 Ctrl+V 快捷键的方式,将柱形图中原本的柱子颜色替换为指定的图形或图片。下面,我们以插入内置图形为例进行演示。

假设我们要对 5 位滴滴司机的服务进行评价,可通过可视化的评分予以呈现,效果如图 2-9 所示。

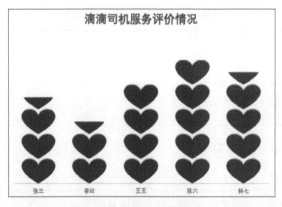

图 2-9 滴滴司机服务评价情况

在图 2-9 的可视化图表中，通过爱心的个数展现了各个滴滴司机的服务总评价。相比于默认的图表类型，我们结合业务场景本身的需求，通过"爱心"的填充，将爱心的个数与评分数相对应，使得可视化图表的展现更贴合具体的业务场景。那么这张图是如何实现的呢？请大家打开 Excel 工作表后，进行以下操作。

步骤 1：选中数据，插入柱形图。选中 A1:B6 数据区域，在"插入"选项卡下，选择插入"簇状柱形图"，生成图表如图 2-10 所示。

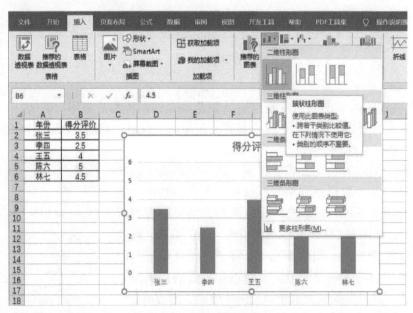

图 2-10 插入柱形图

步骤 2：绘制自定义图形。在"插入"选项卡下，选择"形状"中的"心形"，然后在工作表的任意空白区域单击并拖动鼠标，即可绘制一个心形图案，如图 2-11 所示。选中绘制好的心形，到"格式"选项卡下，选择"形状填充"和"形状轮廓"，如图 2-12 所示，可对心形的填充方式和轮廓样式进行调整。这里有一个小技巧，如果需要绘制正三角形、正方形、正五边形、完全水平的横线或完全垂直的竖线等较为标准的"正"形状时，可在绘制时按住 Shift 键。当然，我们这里不需要绘制"正"心形，因为在本例中心形越胖倒越显得可爱。

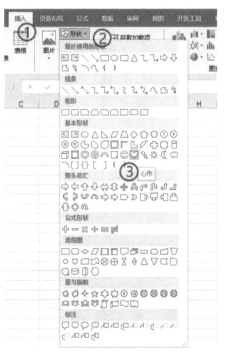

图 2-11　插入"心形"

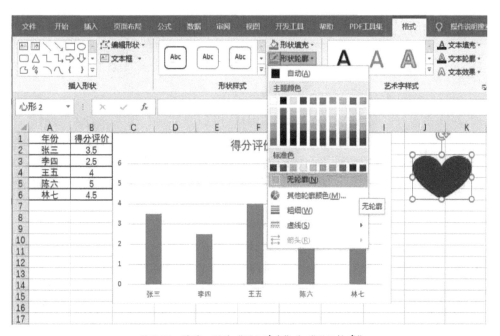

图 2-12　设置心形的"形状填充"和"形状轮廓"

步骤 3：选中自定义图形，复制粘贴。选中心形，然后按 Ctrl+C 快捷键，再选中柱形图中的柱子，按 Ctrl+V 快捷键。此时，柱形图如图 2-13 所示。可以观察到，柱形图中的柱子已经成了爱心，但每个柱子中的爱心样式被拉伸了。由于本身柱子的高度不同，各个爱心呈现出高矮胖瘦的不同效果，与我们市面上常见的层叠型心形效果仍然有些差距。

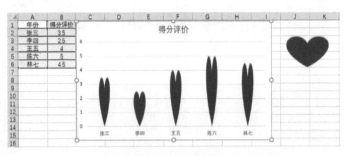

图 2-13　复制粘贴

步骤 4：调整图形的显示方式。选中柱形图中的任意爱心，右击选择"设置数据系列格式"选项，在右边的"填充与线条"选项框下勾选"层叠"，如图 2-14 所示。

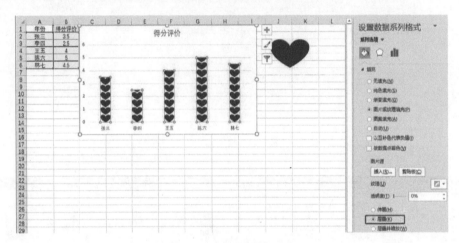

图 2-14　选择"叠层"效果

在图 2-14 中，可以发现，看似是通过 Ctrl+C 和 Ctrl+V 组合键实现的快捷操作，事实上就是通过图片填充的方式取代了原本纯色填充的方式，从而达到美化图表的目标。

通过叠层的方式，我们实现了心形的独立展现，但是按照人们正常理解的思路，心形的大小应该和评分相对应，这样才更能帮助用户更快速直观地读取评分信息。那么这又该如何实现呢？

图 2-15　调整初始心形的形态

基于这样的需求，我们通常有以下两个思路。

思路 1：调整原始心形的大小。选中原始心形，手动调整心形的大小到合适大小，如图 2-15 所示，然后按 Ctrl+C 组合键，再选择柱形图中的柱子，按 Ctrl+V 组合键。完成后，查看柱形图的效果可发现，柱形图中的心形并没有任何变化，且每个柱子中的心形恢复成"伸展"的样式了。也就是说，原始的图形大小并不能决定引用图表中的图形呈现大小。

思路 2：调整心形之间的间隙。选中图表中的心形柱子，单击鼠标右键，选择"设置数据系列格式"选项，在系列选项的选项卡下，调整"分类间距"。调整时可尝试多次修改分类间距值的大小，我们以"每得 1 分对应 1 个完整爱心"为标准进行调整。经过多次调整，本例中可设置分类间距（即"间隙宽度"）为 82%，如图 2-16 所示。

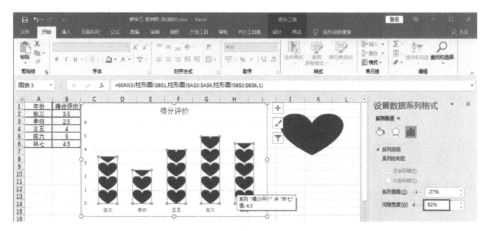

图2-16　调整"间隙宽度"

此时，心形的个数与评分已完全对应，但仍有一个问题，就是当图表的大小出现变化时，心形的个数还会发生变化。为了使得心形的个数不再跳动，需再次修改图形的显示方式，在"填充与线条"选项框下勾选"层叠并缩放"，如图2-17所示。

图2-17　设置"层叠并缩放"

最后，再修改图表的标题为"滴滴司机服务评价情况"，删除网格线，取消显示纵向坐标轴标签，即可生成最开始的样例图。

 拓展练习

制作不等宽柱形图

众所周知，二维柱形图仅能够承载两个维度的数据。比如：x轴罗列各部门名称，y轴柱形图的高低表示这些部门的人数或平均工资的不同。而在一张二维图表中是否可以增加一个维度，从而将三组数据信息都加载到同一张图表中呢？答案是肯定的。如图2-18所示，图中除了在x轴罗列各专业的名称，用y轴柱形图的高低表示各专业毕业生平均工资的高低以外，基于柱形图的宽度还增加了一个调查毕业生人数的维度。调查的毕业生人数越多，该专业的柱形图宽度越宽；毕业生数量越少，该专业的柱形图宽度越窄。这样通过调整柱形图宽度的方式增加商务图表承载信息量的图表，我们称之为"不等宽柱形图"。

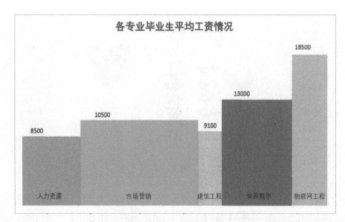

图 2-18　不等宽柱形图

	A	B	C
1	专业	调查人数	平均工资
2	人力资源	5	8500
3	市场营销	10	10500
4	建筑工程	2	9100
5	金融数学	6	13000
6	物联网工程	3	18500

图 2-19　各专业毕业生毕业工资调查数据

绘制不等宽柱形图的方式主要有两种：用散点图制作或者用多组柱形图制作。而使用多组柱形图制作的方法，能够在不同的柱形图区域填充各类不同的颜色效果，应用更加广泛，也比较易于理解。其本质还是构建了多个相同宽度的柱形图，只是根据调查人数的不同，设置数据条颜色加以区分。其创建的核心要点是基于如图 2-19 所示的源数据，构建出随数据源变化而自动变化的绘图数据。

具体操作步骤如下。

步骤 1：构造辅助列。从第 8 行开始，从左往右开始填充。

在 A8 单元格中输入"起始行号"，表示各个专业的毕业生人数，用于标识柱形图中各个专业是从数字几开始展示的。如市场营销专业是在人力资源专业的 5 个人之后开始展示的，那么市场营销专业应该从第 6 个柱子开始展示。

在 B8 单元格中输入"1"，表示人力资源专业作为柱子的起始位。在 C8 单元格中输入公式"=SUM(OFFSET($B$2,0,0,MATCH(C9,$A$2:$A$6,0)-1,1),1)"，输入完成后，将其向右拖曳，自动填充至 F8 单元格，结果如图 2-20 所示。

C8		×	✓	f_x	=SUM(OFFSET($B$2,0,0,MATCH(C9,$A$2:$A$6,0)-1,1),1)		
	A	B	C	D	E	F	G
1	专业	调查人数	平均工资				
2	人力资源	5	8500				
3	市场营销	10	10500				
4	建筑工程	2	9100				
5	金融数学	6	13000				
6	物联网工程	3	18500				
7							
8	起始行号	1	6	16	18	24	

图 2-20　计算各专业起始行号

该公式中，MATCH(C9,$A$2:$A$6,0) 函数的含义是查找 C9 专业在源数据 $A$2:$A$6 所处数据区域的位置 N。OFFSET($B$2,0,0,MATCH(C9,$A$2:$A$6,0)-1,1) 函数表示从 B2 单元

格开始，向下扩展到 $N-1$ 的区域。例如，D9 单元格对应的区域是"建筑工程"专业，那么 OFFSET 函数偏移出来的新区域就是 \$B\$2:\$B\$4。最后，再用 SUM 函数对这片区域的值进行求和，但该部门的开始行号应该是求和区域 \$B\$2:\$B\$4 区域的总和 17-1。因此，最终整体公式写为 SUM(OFFSET(\$B\$2,0,0,MATCH(C9,\$A\$2:\$A\$6,0)-1,1),1)。当然，要注意的是，我们这里关于区域的引用都应该是绝对引用。

步骤 2：构造绘图数据源。从第 9 行开始构建绘图数据表。

在第 9 行从左到右的单元格中依次输入文本"专业""人力资源""市场营销""建筑工程""金融数学""物联网工程""总人数"，其中总人数的值存储在 G10 单元格中，公式为 G10=SUM(B2:B6)。

在各专业的下方建立公式，当专业下的序列处于该专业的调查人数区间时，显示该专业的平均工资，否则显示为空值。

我们以 B10 单元格为例进行公式的构建。在 B10 单元格中输入公式"=IF(AND(\$A10＜C\$8,\$A10>=B\$8),VLOOKUP(B\$9,\$A\$2:\$C\$6,3,0),"")"，如图 2-21 所示，该公式表示如果"当前序列号＜下一个专业的起始号"并且"当前序列号≥该专业的起始行号"，则显示该专业对应在源数据表中的平均工资，否则，显示为空值。公式中注意数据区域的绝对引用和相对引用。

图 2-21　计算辅助表格单元格

为了更快地完成各个专业的数据构建，只需要将 B10 中的公式先横向拖曳至 F10，再根据 B10、C10、D10、E10、F10 单元格依次向下批量生成，即可完成各专业的辅助数据的计算。计算结果如图 2-22 所示。

图 2-22　填充辅助表格数据

步骤 3：创建柱形图。

选中 A9:F35 数据区域，单击"插入"选项卡，在"图表"中选择插入"柱形图"，随即进入"设计"选项卡下，选择"选择数据"，对柱形图的源数据进行重构。

在"选择数据源"对话框中，将原本的数据系列全部删除，然后再重新构建。添加人力资源系列如下：

"系列名称" = 柱形图 3!$B$9

"系列值" = 柱形图 3!$B$10:$B$35

"水平（分类）轴标签" = 柱形图 3!$A$10:$A$35

然后依次构建其他系列的数据来源如下：

市场营销

"系列名称" = 柱形图 3!$C$9

"系列值" = 柱形图 3!$C$10:$C$35

建筑工程

"系列名称" = 柱形图 3!$D$9

"系列值" = 柱形图 3!$D$10:$D$35

金融数学

"系列名称" = 柱形图 3!$E$9

"系列值" = 柱形图 3!$E$10:$E$35

物联网工程

"系列名称" = 柱形图 3!$F$9

"系列值" = 柱形图 3!$F$10:$F$35

完成添加后，在"选择数据源"对话框右下角单击"确定"按钮，即可完成添加，如图 2-23 所示。

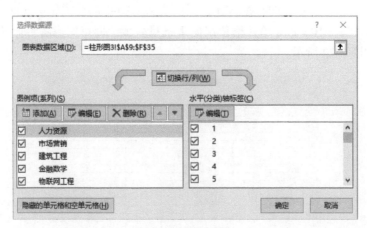

图 2-23　重构数据源

添加完成后，图表区域呈现的结果如图 2-24 所示。

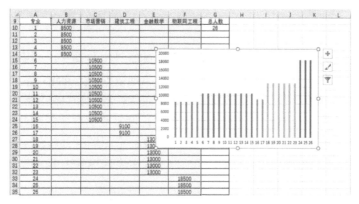

图 2-24　初始化不等宽柱形图

步骤 4：图表美化。选中图表中任意一个系列的柱子，单击右键，选择"设置数据系列格式"选项，在右侧的"设置数据系列格式"窗格中，将图表的"系列重叠"设置为 100%，"间隙间距"设置为 0%。这样，图表中的各个柱形图中的数据系列就紧密地贴在一起了，显示出一种"不等宽柱形图"的可视化效果，如图 2-25 所示。

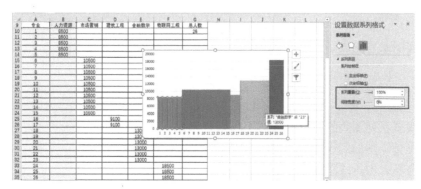

图 2-25　设置"间隙宽度"

当调整好柱子的间距后，删除图表区域中的网格线和坐标轴，再添加图表标题为"各专业毕业生平均工资情况"。当然，我们还可以自定义各个柱子系列的颜色及数据标签的样式，最终效果如图 2-26 所示。

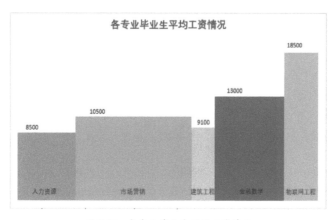

图 2-26　各专业毕业生平均工资情况

任务总结

（1）柱形图是一种以长方形的长度来表达数据的统计报告图，由一系列高度不等的纵向长方形组成。在业务场景中，柱形图适合用于展示二维数据的分布情况。

（2）二维柱形图的种类有三种：堆积柱形图、簇状柱形图和百分比堆积柱形图。

（3）条形图与柱形图相似，是一种以长方形的长度来表达数据的统计报告图，由一系列高度不等的横向长方形组成。实际上，条形图就是把柱形图顺时针转动 90° 的结果。

（4）当柱形图 x 轴中的标签内容过长时，为了方便展现标签内容，建议使用条形图。

任务二　制作折线图系列图表

 任务目标

制作折线图系列图表。

 任务分析

（1）折线图系列图表的特点及其适用场景有哪些？
（2）常见折线图的制作方法和技巧有哪些？
（3）业务图表中折线图的制作技巧有哪些？

 基础知识

折线图是将值标注成点，并通过直线将这些点按照某种顺序连接起来形成的图。如展示某汽车生产企业历年汽车实际产量的走势，如图 2-27 所示。

制作折线图系列
图表视频

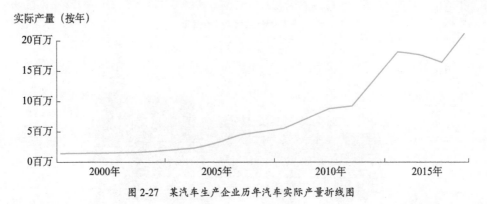

图 2-27　某汽车生产企业历年汽车实际产量折线图

折线图通常展现数据在一个有序的因变量上的变化。它的特点是反映事物随类别而变化的趋势，可以清晰地展现数据的增减趋势、增减的速率、增减的规律以及峰值等特征。折线图比较适合二维的大数据集的展示，尤其是那些趋势比单个数据点更重要的场合。

在折线图中，不仅能展示单个数据点的趋势变化，也可以比较多组数据在同一维度上的趋势。但要注意的是，每张折线图中的折线数量不能过多，折线过多会降低图表的易读性。如图 2-28 所示，图中展示了某公司自 2010 年到 2016 年间各级别话务员平均年龄的走势情况。

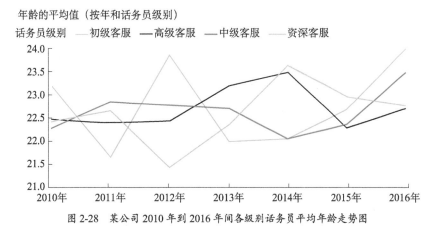

图 2-28　某公司 2010 年到 2016 年间各级别话务员平均年龄走势图

Excel 中内置了多种形态的折线图及其衍生图表，包含了堆积折线图、百分比堆积折线图、带数据标记的折线图、带标记的堆积折线图、带数据标记的百分比堆积折线图、三维折线图等，如图 2-29 所示。需要注意的是，折线图有一类非常重要的衍生图表，称为面积图。面积图是将折线图中折线数据系列下方部分进行颜色填充的图表，主要用于表示时序数据的大小与推移变化，它强调数据随时间变化的程度，常用于需要人们对总值趋势引起注意的场合。

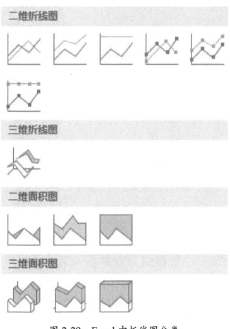

图 2-29　Excel 中折线图分类

和柱形图一样，折线图也是一种常用的图表类型，并且折线图和柱形图做时间序列分析时通常是可以互换的。但在做趋势分析时，则推荐使用折线图。折线图连接各个单独的数据点，可以更加简单、清晰地展现数据变化的趋势。当然，很多时候我们会将折线图与柱形图结合使用从而提供多维序列分析，比如 Excel 中内置了组合图，既可以通过柱形图展示数据的分布，又可以通过折线图展现数据集的趋势。

 任务实施

制作显性折线图

制作显性折线图
视频

　　折线图是商务图表中最常用的图表之一，其通过简单利落的线条能很好地反映趋势的变化。我们通常将折线图分为显性折线图和隐性折线图。在显性折线图中，折线是非常直观的存在，通过直接观察图表，便可看到图中某变量的走势变化。而在隐性折线图中，大多情况下折线都被隐藏了，多以辅助美化的形式存在。下面，我们以某企业 A 产品销量与销售额走势图为例，来学习绘制显性折线图，并展现自 2000 年来各年度 A 产品的销量与销售额的趋势，如图 2-30 所示。

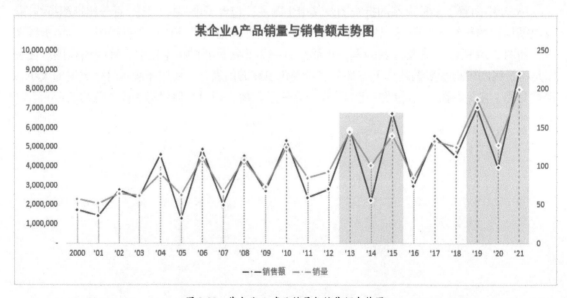

图 2-30　某企业 A 产品销量与销售额走势图

　　在正式开始制图之前，我们通常先分析当前图表引用了哪些图表类型、哪些图表元素及需要重点突出的关键数据。那么，从图中可看出它主要包含了两条折线，分别对应销量数据系列与销售额数据系列。而每一个数据点下方都有一条虚线将数据点落到 x 轴上，而实现这样的效果可能是引用了柱形图。根据我们进一步观察发现，2013 年到 2015 年和 2019 年到 2021 年两个时间段的数据使用了灰色的阴影被着重强调了，而添加阴影的方式也是使用了柱形图。基于以上分析，在已准备好的数据源中，如图 2-31 所示，如何实现这样专业的图表效果呢？具体步骤如下：

	A	B	C	D
1	年份	销量	销售额	销量
2	2000	58	1753670	58
3	'01	52	1448264	52
4	'02	65	2787164	65
5	'03	62	2360899	62
6	'04	90	4590844	90
7	'05	63	1277438	63
8	'06	111	4872393	111
9	'07	67	2008172	67
10	'08	108	4555343	108
11	'09	73	2711568	73
12	'10	125	5326419	125
13	'11	85	2380979	85
14	'12	93	2811505	93
15	'13	145	5904898	145
16	'14	101	2230329	101
17	'15	140	6753023	140
18	'16	85	2980858	85
19	'17	133	5574654	133
20	'18	125	4518534	125
21	'19	187	7036829	187
22	'20	127	3941559	127
23	'21	200	8818409	200

图 2-31　某企业 A 产品销量与销售额数据

步骤 1：构建折线图。选中数据源 A1:C23，在"插入"选项卡下的图表区选择插入"带数据标记的折线图"，如图 2-32 所示。

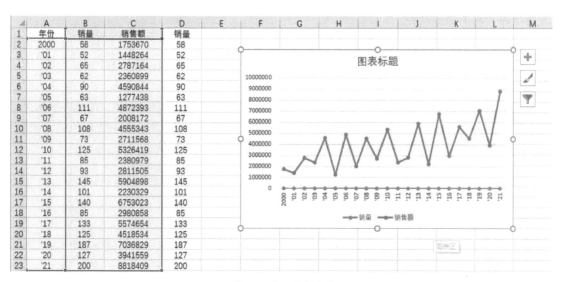

图 2-32　初始化折线图

选中图表区域，在"设计"选项卡下选择"更改图表类型"，在"更改图表类型"对话框中选择"组合图"，"销量"和"销售额"系列都改为"带数据标记的折线图"，并勾选"销量"系列的"次坐标轴"复选框，如图 2-33 所示，此时在图表的预览区即可看见对应的图表。设置完成后，单击"确定"按钮。

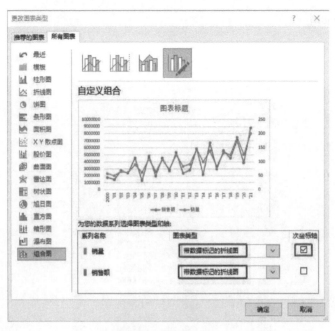

图 2-33　更改图表类型

步骤 2：添加辅助列。

（1）添加"销量"系列辅助列。按照目标图表的样式，折线与 x 轴区域间由垂直的虚线填充。那么我们可以考虑添加一个新的柱形"销量"系列，并将此柱形图的样式调整为细的柱形样式，并由细点填充。

那么在数据源区域中可发现有两列销量值。这里要说明的是，D 列的销量就是一个辅助列，其内容与 B 列的销量一致，它是为了制作图表效果而存在的。如何利用并添加至图表中呢？

选中刚刚制作好的折线图，通过在数据源区域拖曳数据源引用位置的方式，将数据区域的右下角边界单元格扩大至 D23 单元格，此时，在图表区域中就增加了一条灰色的"销量"的折线效果，如图 2-34 所示。它与原本"销量"系列的蓝色折线完全重合。

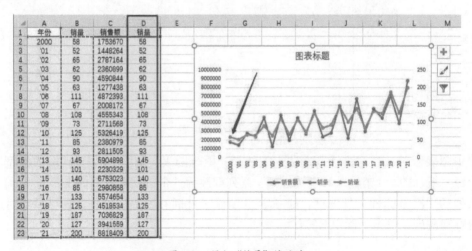

图 2-34　添加"销量"辅助列

当然，我们希望添加的是柱形图，所以还需要修改该系列图表的类型。选中图表，仍然到"设计"选项卡下，选择"更改图表类型"，在"更改图表类型"对话框中选择"组合图"，修改新增的"销量"系列为"簇状柱形图"，并且勾选它的"次坐标轴"，如图 2-35 所示。同样，在图表预览区可以看到已修改的图表。

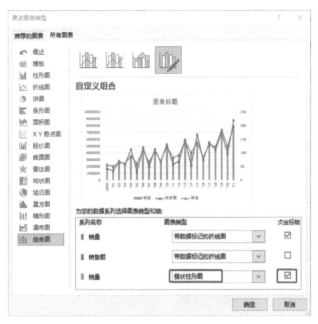

图 2-35　修改辅助列图表类型

选中图表中新加的"销量"系列，右击选择"设置数据系列格式"选项，在右侧的"设置数据系列格式"窗格中，选择"填充与线条"，选择"填充"的方式为"图案填充"，并选择内置"图案"选项中第一行的第二个图案，颜色为默认的浅灰色，如图 2-36 所示。其次，再将该数据系列的"系列重叠"设置为 100%，"间隙宽度"设置为 500%，如图 2-37 所示。

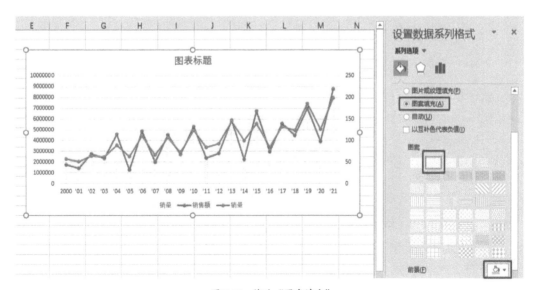

图 2-36　修改"图案填充"

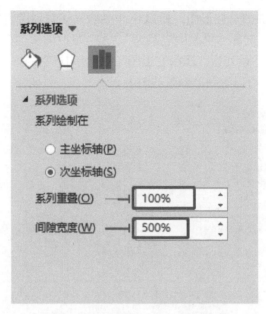

图 2-37 调整"系列重叠"和"间隙宽度"

（2）添加"重点数据"辅助列。根据观察目标图表，图表中有部分数据是被着重强调的，如"19""20""21"年的数据，及"13""14""15"年的数据，它们都有灰色的柱形阴影。其添加原理与添加"销量"系列辅助列类似。具体操作如下：

增加一列辅助列，将"19""20""21"三年的销量数据复制一份至 E 列，作为图表区域的突出显示效果。然后，将图表区域中引用的数据源扩大至 E 列。这样，图表中"19""20""21"三年坐标轴的相应折线处就多了 3 个数据点，如图 2-38 所示。

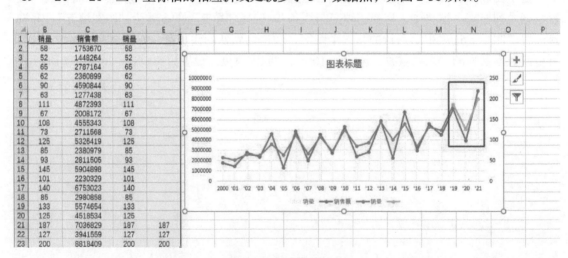

图 2-38 再次添加辅助列

同样，我们需要修改图表的类型。选中图表，再次到"设计"选项卡下选择"更改图表类型"，在"更改图表类型"对话框中选择"组合图"，修改新增的辅助列为"簇状柱形图"，并且勾选它的"次坐标轴"，如图 2-39 所示。

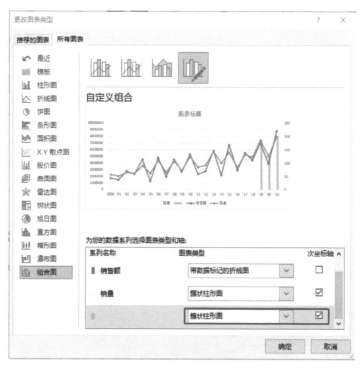

图 2-39　修改辅助列图表类型

选中三根新增的柱子，单击右键，选择"设置数据系列格式"选项，在右侧的窗格中将"系列重叠"设置为100%，"间隙宽度"设置为0%，此时，三根柱子就拼在一起了，如图 2-40 所示。

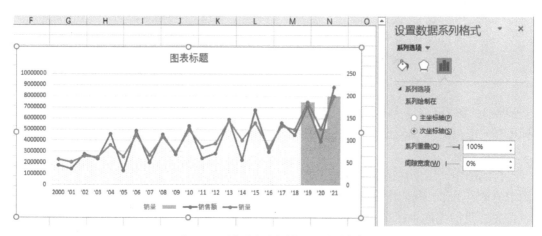

图 2-40　调整"系列重叠"和"系列宽度"

修改后，发现三根柱子顶端不齐，看起来并不美观，所以需要调整数据源的值。将刚刚复制出来的"19""20""21"这三个年份的数值都调整为225，使得三根柱子的顶端对齐，从而起到突出显示该部分数据区域的效果。此时，选中三根橙色柱子，单击右键，选择"设置数据系列格式"，在右侧的窗格中将"颜色"设置为白灰色，"透明度"设置为60%，图表效果如图 2-41 所示。

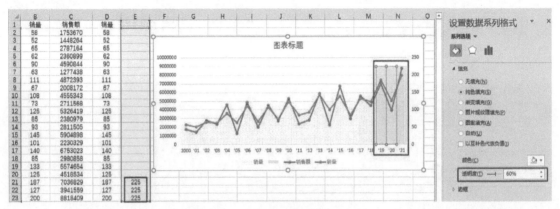

图 2-41　设置辅助列系列颜色

同理，若需要在其他列中添加阴影，如在"13""14""15"年的数据后面添加阴影，只需在 E 列的辅助列中添加辅助数据即可，图表的效果即可展现，如图 2-42 所示。

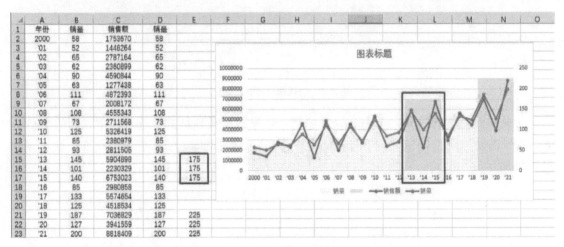

图 2-42　调整辅助列数据

步骤 3：图表美化。当前为止，折线图的架构和雏形已经基本展现了，但与我们最初的目标还有一定距离，所以还需要做一些图表美化的工作。

1.折线美化

在折线图中，用户往往最关注的无非就是里面的折线了。因此，对折线的美化永远是折线图中的重点工作。我们将按照序列逐个进行。

首先，我们先选中图中橙色的折线，即"销售额"数据系列，单击右键，选择"设置数据系列格式"选项，在右侧窗格的"线条"中选择实线，并调整颜色为"玫红色"。再到"标记"选项卡下的"标记选项"中选择"内置"，类型为"菱形"，大小调整为 6，此时继续往下设置，将"填充"设置为"纯色填充"，填充的"颜色"设置为与前面相同的"玫红色"，将标记的"边框"设置为"实线"，边框"颜色"设置为"白色"，边框"宽度"设置为 2 磅，此时，销售额折线的效果就显现出来了。同理，也可以将销量折线设置为相同样式的蓝色折线，效果如图 2-43 所示。

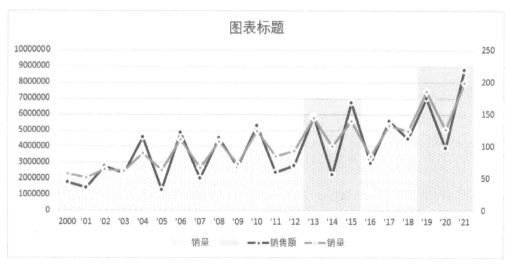

图 2-43　美化折线

2. 辅助数据美化

当我们仔细观察辅助列"销量"的柱子时，就可发现，该序列的柱子并不规整，其填充面积的边界并不能完全贴合折线，甚至每个柱子上端的两角已超出了折线的范围，如图 2-44 所示。这种内置图案溢出的问题会使得整个图表看起来非常粗糙，不够精致。同时，这也说明内置图案填充的方式在这里并不能满足目标图表的需求。此时我们就需要重新思考，更换其填充的图案，使得填充效果更加接近目标图表的样式。

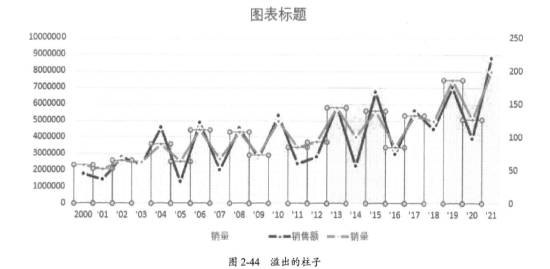

图 2-44　溢出的柱子

在这里，我们可以考虑通过图形来填充该序列的柱形。插入一个长方形，将这个长方形的颜色设置为"无填充"，边框的颜色也设置为"无填充"。再在长方形里插入一条直线，更改类型为"虚线"。选中长方形和直线，将这两个形状"组合"在一起。选中组合好的图形，复制 / 粘贴到图表的柱形图中，效果如图 2-45 所示。此时，新的图表中就不再出现图案溢出的问题了。

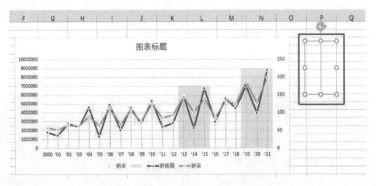

图 2-45　制作"长方形与直线"的组合图

3. 图表元素美化

当图表中的数据系列都确保无误后，我们还需进行修改图表标题、去除网格线、调整图例及坐标轴标签格式等操作。首先，双击图表标题，将图表标题修改为"某企业 A 产品销量与销售额走势图"；单击选中网格线，在键盘上按 Delete 键删除网格线；再分别手动删除辅助列"销量"的图例和"重点数据"辅助列的图例。

此时，我们还需对 y 轴的数据标签格式进行转换。选中 y 轴的数据标签，单击右键，选择"设置坐标轴格式"选项，在"坐标轴选项"选项卡下的"数字"中，设置"类别"为"会计专用"，保留 0 位小数，并设置无符号添加，如图 2-46 所示。

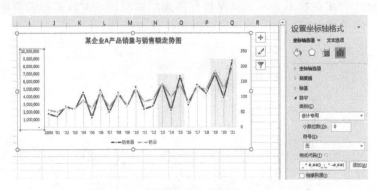

图 2-46　设置坐标轴标签

最终，我们完成了与目标图表相同的可视化效果，如图 2-47 所示。

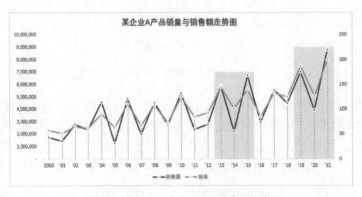

图 2-47　某企业 A 产品销量与销售额走势图

✎ 任务拓展

制作隐性折线图

折线图中，我们总是习惯将重心放在折线上。通过折线反映数据点趋势的折线图，就如上例中的某企业 A 产品销量与销售额走势图。而事实上，通过突出折线图中的数据点，将线的存在感弱化，并与其他图表做组合，是折线图更高级的使用方法，我们将其统称为"隐性折线图"。隐性折线图不仅可以使折线图的展现变得更加丰富多彩，甚至不能让人立刻发现该图事实上是折线图，也可实现更多维数据的展现。如本例中，以某店铺爆款产品销量增长情况分析图为例进行讲解，如图 2-48 所示。

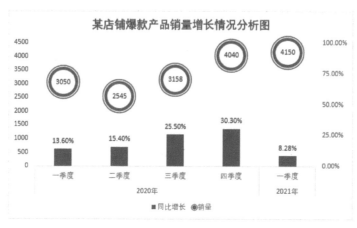

图 2-48 某店铺爆款产品销量增长情况分析图

从图 2-48 中可看出，该图表主要包含两个数据系列：一个是由一组"气泡"展现的销量系列，而所谓的"气泡"就是折线图中的数据点；另一组则是爆款产品销量的同比增长系列，通过柱形图展现。下面，根据拿到的源数据，如图 2-49 所示，我们一起来完成该图表的制作。具体操作步骤如下：

	A	B	C	D
1	年份	季度	销量	同比增长
2	2020年	一季度	3050	13.60%
3		二季度	2545	15.40%
4		三季度	3158	25.50%
5		四季度	4040	30.30%
6	2021年	一季度	4150	8.28%

图 2-49 某店铺爆款产品销量增长情况数据

步骤 1：插入组合图。选中 A1:D6，在"插入"选项卡下的图表区域，选择插入"组合图"。在组合图设置页面，将"销量"系列的图表类型设置为"带数据标记的折线图"；将"同比增长"系列的图表类型设置为"簇状柱形图"，并勾选其"次坐标轴"，单击"确定"按钮，如图 2-50 所示。

图 2-50　插入组合图

步骤 2：调整各数据系列。

（1）调整"销量"系列。选中蓝色的"销量"系列折线，单击右键，选择"设置数据系列格式"选项，在"填充与线条"选项卡下的"线条"内，选择"无线条"。再进入"标记"选项卡，在"标记选项"下选择"内置"，类型为"圆点"，大小为 36，再在"填充"下选择"纯色填充"，颜色为"白色"，如图 2-51 所示；最后，在"边框"下选择"实线"，颜色设置为"土橘色"，宽度为"6 磅"，复合类型为"由细到粗"的线条类型，最终效果如图 2-52 所示。

图 2-51　设置标记形态

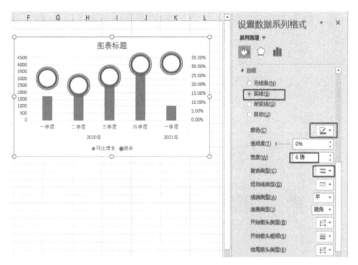

图 2-52 美化标记

（2）调整"同比增长"系列。选中"同比增长"系列柱形图，右击选择"设置数据系列格式"选项，在"填充与线条"选项卡下设置颜色为先前数据点中相同的"土橘色"。然后单击"次坐标轴"，右击选择"设置坐标轴格式"选项，在"坐标轴选项"选项卡下，设置坐标轴最大值为 1.0，间隔为 0.25，如图 2-53 所示。此时，图表中的系列数据已基本调整完成。

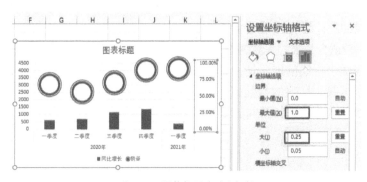

图 2-53 调整柱形系列坐标轴

步骤 3：图表美化。在图表美化过程中，我们修改图表标题为"某店铺爆款产品销量增长情况分析图"；去掉图中的网格线；再选中销量系列数据，添加数据标签，如图 2-54 所示。

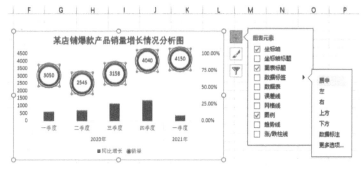

图 2-54 调整图表

通过同样的方式，也为同比增长系列添加数据标签。最终，生成了案例开头的目标图表，如图 2-55 所示。

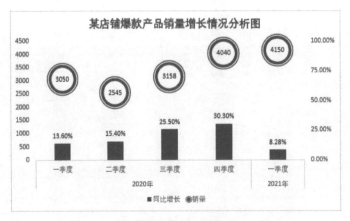

图 2-55　某店铺爆款产品销量增长情况分析图

 任务总结

（1）折线图是将值标注成点，并通过直线将这些点按照某种顺序连接起来形成的图。

（2）折线图的特点是反映事物随类别而变化的趋势，可以清晰地展现数据的增减趋势、增减的速率、增减的规律以及峰值等特征。

（3）折线图比较适合二维的大数据集的展示，尤其是那些趋势比单个数据点更重要的场合。

（4）根据折线图中折线的展示情况，可以将折线图分为显性折线图和隐性折线图。显性折线图中的重点是折线，反映的是数据点的变化趋势。隐形折线图中的重点是数据点，通过突出数据点，将线存在感弱化，常与其他图表做组合。

任务三　制作饼图系列图表

 任务目标

制作饼图系列图表。

 任务分析

（1）饼图系列图表的特点及其适用场景有哪些？

（2）常见饼图的制作方法和技巧有哪些？

（3）实际业务场景中饼图的制作技巧有哪些？

 基础知识

制作饼图系列图表视频

　　饼图也称作扇形统计图，显示一个数据系列中各项的大小与各项总和的比例。扇形图适用于展示二维数据集，它需要一个分类字段和一个连续数据字段。分类字段对应每个部分扇形的类别，连续数据字段则用于计算每个扇形的占比。通常情况下，当用户更关注于简单占比时，适合使用饼图。如 2021 年 5 月 9 日中国疫情总体占比情况如图 2-56 所示。

　　在使用饼图时，我们要注意的是，数据项中不能有负值；如果要显示比例数据，则必须要保证总和为 100%；且饼图中的类别不要太多，3～5 个为宜，因为当数据集的分类过多时，数据集间占比的差异就不能较简单直观地展现了。

　　饼图是一类较为有争议的图表，很多人说"饼图并不是一类好图"。真是这样吗？我们来看两个案例。

　　案例一：对某公司的话务员信息进行统计。列出各个级别话务员的占比，生成饼图如图 2-57 所示。

　　在案例所生成的饼图中，4 个色块的面积大小是否能马上排列出来？若换成柱形图（见图 2-58），是不是就容易识别得多了？这是因为人类的肉眼对面积大小是不敏感的。在需要展现数量大小的业务场景中，饼图是一类应该避免使用的图表，但当业务明确要求展示某个部分占整体的比重时，仍可以使用饼图，比如下面案例二展示的贫困人口占总人口的百分比图。

2021年5月9日中国疫情总体占比图

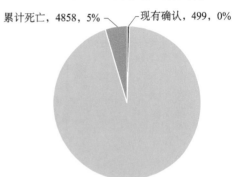

图 2-56　2021 年 5 月 9 日中国疫情总体占比情况图

某公司话务员级别人数占比

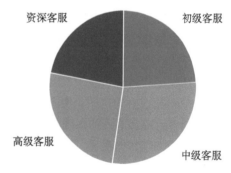

图 2-57　某公司各级别话务员占比

某公司话务员级别人数统计图

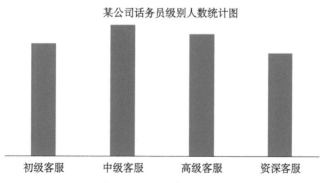

图 2-58　某公司各级别话务员数量

案例二：一张《经济学人》杂志中的饼图，如图 2-59 所示。

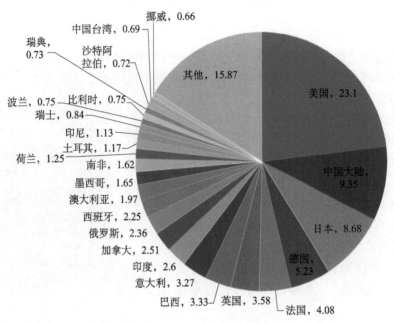

图 2-59　世界各国及地区贫困人口的占比

前面说使用饼图时，数据集的类别不宜过多。但上面这张《经济学人》杂志中做的饼图类别很多，好像这个数据集并不太适合使用饼图。可是，这样权威的杂志还是那么做了，是否就可以说它是错的呢？显然不是。我们对于可视化并不能盲目崇拜。专业媒体做出的图表不一定是最好的，但这个图表确实做得也还不错。因此，在作图时，我们不能完全拘泥于原则。

饼图的衍生图表包含了二维饼图、三维饼图及圆环图等，如图 2-60 所示。"圆环图"看起来就是中间被挖空的饼图，像个甜甜圈，因此这种图表也被称为"甜甜圈图"。它表示比例的大小已经不再依靠扇形的角度了，而是依靠环形的长度，更丰富地展现了数据的层级关系。若饼图适用于一组数据系列，圆环图则可以适用于多组数据系列的比重关系，如图 2-61 所示。

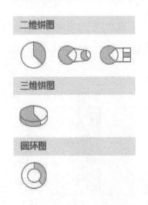

图 2-60　Excel 中饼图类别

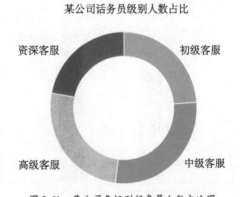

图 2-61　某公司各级别话务员人数占比图

当然，如果环形的长度很接近，那也很难看出比例的差异。因此，饼图的缺陷在圆环图中依然存在。

任务实施

制作带顶层蒙版和带多重参数的双重饼图

在饼图的呈现上除了传统意义上的单层饼图外，还可以通过绘图技巧制作类似于图 2-62 和图 2-63 中的双重饼图效果。它能够在一种分类基础上构建并细化二级分类效果，抑或将某一部分的饼图进行突出显示以起到强调的作用。对于这一类型的双重饼图，其制作原理是制作两个同心的饼图，并分别以主次坐标轴进行标识，然后再通过美化手段予以图表可视化呈现。这能够大大提高商务图表的质量，提升总结报告的整体格调。

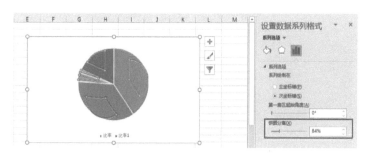

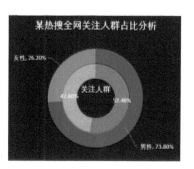

图 2-62　全国各地区销售额占比图　　　　图 2-63　某热搜全网关注人群占比图

1. 制作带顶层蒙版的双重饼图

什么是蒙版？蒙版就是图中堆叠在最上面的那层半透明的图层，用于区别或细化其他图层的信息。如展示某店铺付费流量的占比情况时，如图 2-64 所示，就可以使用带有顶层蒙版的饼图来展示。它确实比普通的单层饼图看起来要有趣得多。那么如何实现这样的饼图呢？其实并不难，按照以下步骤逐一进行即可。

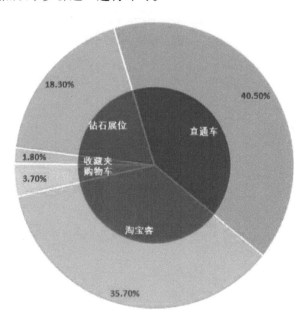

图 2-64　某店铺付费流量占比图

步骤1：插入饼图。选中A1:C6数据区域，在"插入"选项卡下，选择"图表"中的饼图，如图2-65所示。

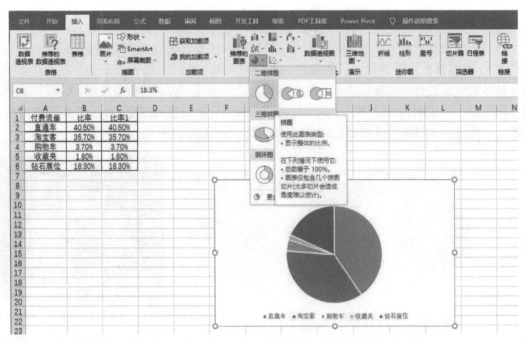

图2-65　初始化饼图

步骤2：修改图表类型。选中新插入的图表区域，单击"设计"选项卡中的"更改图表类型"，在弹出的"更改图表类型"对话框中选择"组合图"，勾选"系列名称"中"比率1"的"次坐标轴"，如图2-66所示，完成后单击"确定"按钮。

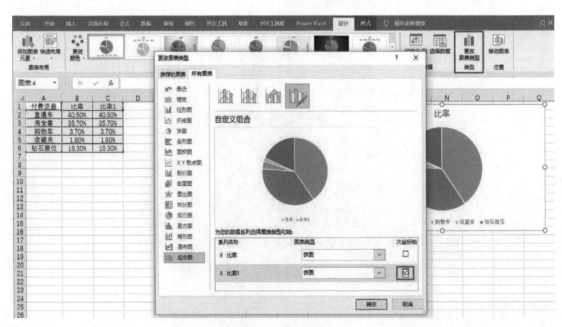

图2-66　修改图表类型

步骤3：修改两层饼图的分离程度。选中饼图后，单击鼠标右键，选择"设置数据系列格式"选项，在右侧的窗格中将"饼图分离"调整为84%，如图2-67所示。此时，就可以看到顶层蒙版的雏形了。

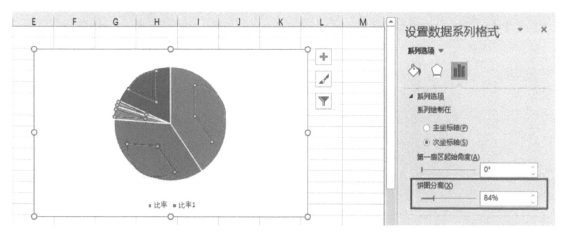

图2-67 调整两层饼图的分离程度

不过，我们还需要做进一步调整。将选中的饼图填充为"纯色填充"，颜色修改为"黑色"，透明度修改为"50%"，边框设置为"无线条"，效果如图2-68所示。

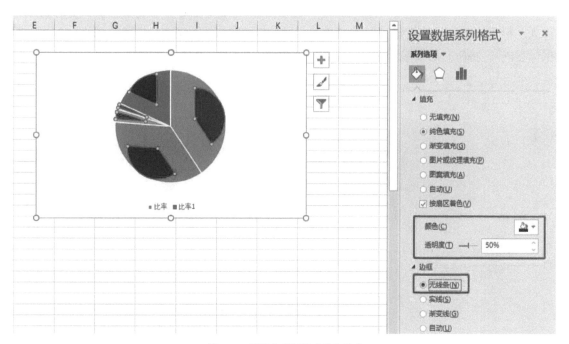

图2-68 设置上层饼图的填充样式

此时，分别选中顶部图层饼图的各个饼块，并将其拖曳、移动至中心位置，形成两层饼图形状。

步骤4：图表样式调整。分别选中底层饼图中的各个饼块，按需修改各个饼块的填充颜色；取消显示图例；再分别修改两层饼图的起始角度。在这里，分别选中两层饼图，单击鼠标右键，选择"设置数据系列格式"选项，在右侧的"设置数据系列格式"窗格中，在"系列选项"中将"第一扇区起始角度"修改为343°，使得面积较大的饼图落在图表区域的下方位置，如图2-69所示。这样能够让整个饼图从视觉上呈现出更加稳定的效果。

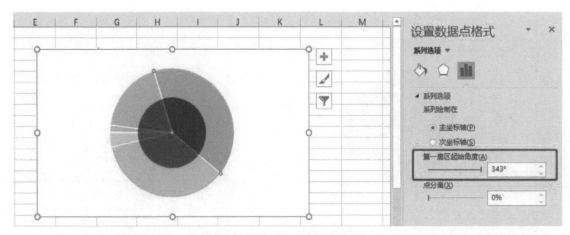

图2-69　修改第一扇区起始角度

步骤5：添加数据标签。根据目标图表可知，我们需要在外圈的饼图中添加占比标签，在内圈的饼图中添加各类目的标签。此时，选中双重饼图中的外圈饼图，在图表右上方的"+"号处，勾选"数据标签"选项。在"数据标签"右侧展开的选项中选择"更多选项"，进入"标签选项"设置区域，勾选"值"，并在下方的"标签位置"设置区域中，勾选"数据标签内"，将所有的数据标签显示在各占比内部，如图2-70所示。

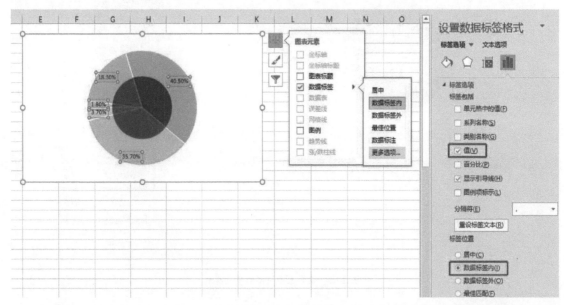

图2-70　添加数据标签

同理，也可为内圈饼图添加数据标签。不过要注意的是，内圈饼图的数据标签在"标签选项"下并不是勾选"值"，而应该勾选"类别名称"。最终生成的饼图如图2-71所示。

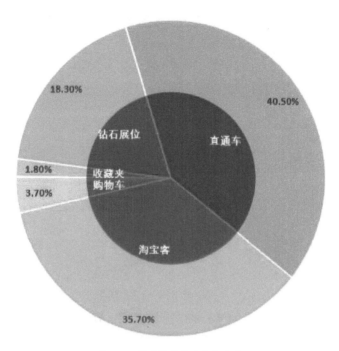

图 2-71　某店铺付费流量占比图

基于以上生成的图表，从外观上看，确实比 Excel 原本内置的图表样式美观了不少，也更展现了个性化的元素。然而，在可视化领域，制作高级炫酷的图表并不是最主要的，我们的目标是通过可视化效果来传达某些关键信息。例如，在以上展示某店铺付费流量占比情况的案例中，如果还需要展示直通车所带来的细分流量占比情况，应该如何通过双重饼图来实现如图 2-72 所示的可视化设计呢？

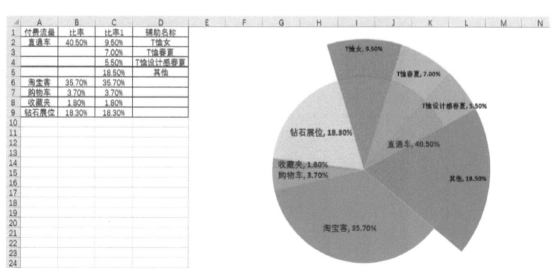

图 2-72　直通车下各关键词引流效果占比图

步骤 1：创建饼图。选中 A1:C9 数据区域，在"插入"选项卡下，选择"图表"中的饼图，效果如图 2-73 所示。

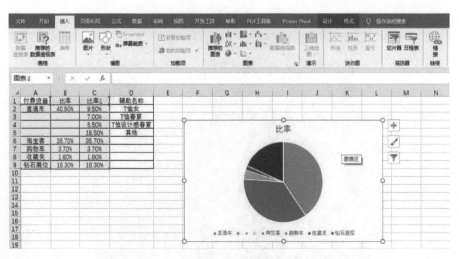

图 2-73　初始化饼图

然后，单击"设计"选项卡下的"选择数据"，修改数据源。在弹出的"选择数据源"对话框中单击选中"比率"，将"水平（分类）轴标签"修改为 A2:A9 单元格区域，如图 2-74 所示。

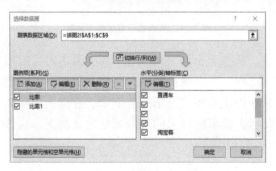

图 2-74　修改数据源

步骤 2：修改图表类型。选中图表区域，单击"设计"选项卡中的"更改图表类型"，在弹出的对话框中勾选"比率 1"系列的"次坐标轴"，如图 2-75 所示。

图 2-75　修改图表类型

步骤3：美化双层饼图。

（1）重组两层饼图。选中顶层的饼图后，单击鼠标右键，选择"设置数据系列格式"选项，在右侧的窗格中将"饼图分离"调整为"40%"，然后将填充颜色修改为"纯色填充"，将颜色修改为"黑色"，将透明度修改为"50%"，将边框设置为"无线条"。最后，将各个饼块移至中心位置进行拼接，形成两层饼图的效果。

（2）修改两层饼图的起始角度。与上例中类似，分别选中两层饼图，单击鼠标右键，选择"设置数据系列格式"选项，在右侧的"设置数据系列格式"窗格中，在"系列选项"中将"第一扇区起始角度"修改为343°。

（3）修改饼块的颜色。在此步骤中，我们也可以自行修改双层饼图中各个饼块的填充颜色。对于外层饼图中不显示的饼块，可以单独选中后，在"填充与线条"选项卡下选择"无填充"，最终效果如图2-76所示。

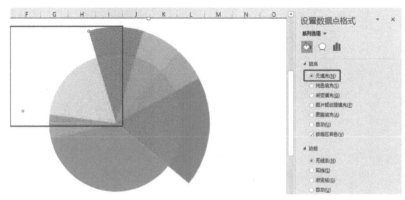

图2-76　美化饼图

步骤4：添加数据标签。选中图表区域中的外圈饼图，在图表右上方的"+"号处，勾选"数据标签"。在"数据标签"的下拉选项中选择"更多选项"进入"设置数据标签格式"窗格中。在该窗格的"标签选项"下勾选"单元格中的值"，并单击旁边的"选择范围"按钮，在"数据标签区域"对话框中选择D2:D9数据区域，单击"确定"按钮，如图2-77所示。

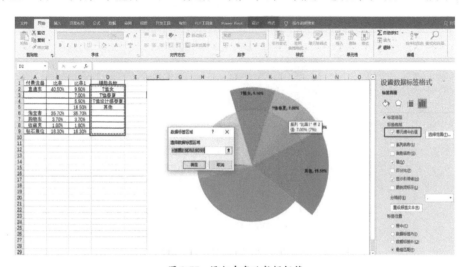

图2-77　添加自定义数据标签

同理，我们也可为内层饼图添加类目名称及其对应的值。最终，图表展现如图 2-78 所示。我们可以看出，在付费流量中，直通车所带来的流量占比最高。我们将直通车再次细分可以发现，"T恤女""T恤春夏""T恤设计感春夏"这三个关键词带来的流量占比分别为9.50%，7.00%，5.50%，其总比值占直通车总流量的一半多，说明这三个关键词的引流效果不错。

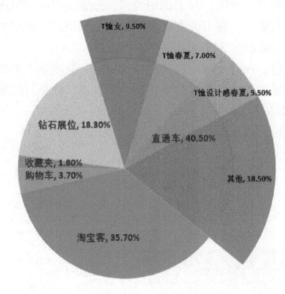

图 2-78　某店铺付费流量细分占比图

2. 制作带多重参数的双重饼图

　　我们不仅可以通过添加蒙版来实现饼图的演变，也可以通过构建多个圆环图来实现饼图的演变，从而同时在横向和纵向上实现多维数据的展现。本环节中，我们来学习添加多重参数的双重饼图的制作。

　　下面，我们以某爆款产品数据为例，展现其在男性和女性群体中分别被收藏和被加入购物车的比例，带多重参数的双重饼图可展现为如图 2-79 所示。如何实现此类图表的制作呢？事实上并不复杂。

类别	女性	男性
购物车	65.40%	34.60%
收藏	72.80%	27.20%

某爆款产品收藏与加购人群占比分析

男性,27.20%

收藏与加购

65.40%

女性,72.80%

图 2-79　带多重参数的双重饼图

步骤 1：创建圆环图。在"插入"选项卡下的"图表"区域中选择插入"圆环图"，如图 2-80 所示。

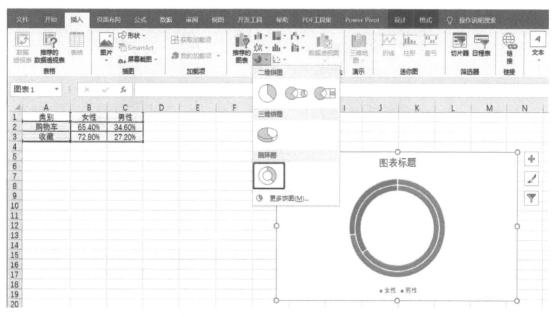

图 2-80 初始化圆环图

步骤 2：修改圆环内径。选中图表区域，单击鼠标右键，选择"设置数据系列格式"选项，在右侧的窗格中设置"圆环图圆环大小"为 40%，如图 2-81 所示。

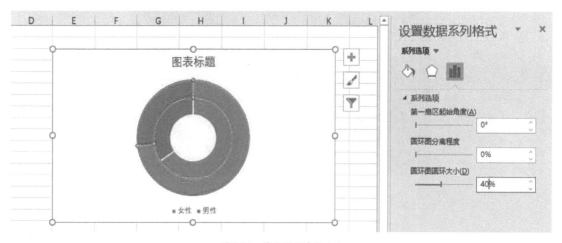

图 2-81 修改圆环内径大小

步骤 3：美化图表元素。

（1）修改图表配色。选中内圈饼图，将其颜色填充为"黄色"，并将边框设置为"无填充"。当然，这里要注意的是，为了凸显同一环形中不同数据的占比，可选中具体的环形调整其透明度。在这里，我们将占比较小的环形的透明度设置为"30%"，如图 2-82 所示。同理，我们也可以设置外圈的圆环图。

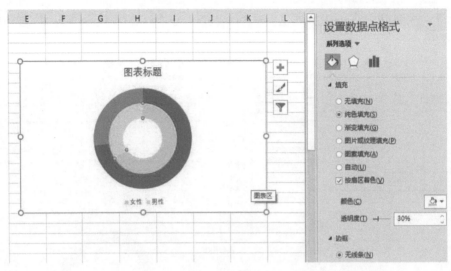

图 2-82　美化圆环

（2）修改图表背景。将图表背景设置为"黑色"，然后再修改图表标题为"某爆款产品收藏与加购人群占比分析"，将字体颜色修改为"白色"，并取消图例的显示。当然，我们还需要添加数据标签，添加方法与前例中类似，这里不再赘述。

（3）添加文本。在"插入"选项卡下的"文本框"中输入"收藏与加购"，并将字体调整为"白色"，放置到图表的中心位置。最终完成的图表如图 2-83 所示。

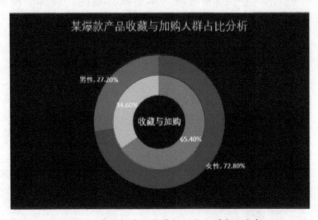

图 2-83　某爆款产品收藏与加购人群占比分析

 任务实施

制作动态饼图

在通过 Excel 制作图表时，不仅可以呈现常见的二维图表的效果，也可以通过添加控件或数据验证，从而实现人与图表的交互。例如，在下面的案例中，我们就可以根据所选的月份不同，查看毛绒玩具的销售业绩完成情况。这类根据所选参数不同而呈现出人机交互式变化的图表效果，我们称之为"动态图表"。在实际业务场景中，"动态饼图"就是一种常见的动态图表的用法。本环节中，我们将制作每月毛绒玩具完成率情况的动态图表，如图 2-84 所示。

图 2-84　某月毛绒玩具销售业绩情况统计

当然，"动态图表"之所以称为"动"，实际上是因为它所引用的绘图数据源的变动，因此，也就不难理解在很多商务图表的制作过程中，需要在原始统计报表的数据基础上单独构建"绘图数据源"了。具体步骤如下：

步骤 1：构建绘图数据源。在 A5:C7 单元格区域的相应单元格中分别输入"月份""辅助""完成率""未完成"。然后，通过下拉框使得 B6 单元格中的内容与月份数据做链接。选中 B5 单元格，单击"数据"选项卡中的"数据验证"，在弹出的对话框中将"允许"修改为"序列"，将"来源"修改为"=$B$1:$M$1"，单击"确定"按钮，如图 2-85 所示。

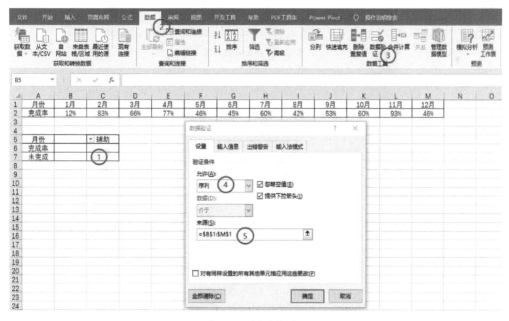

图 2-85　添加数据验证

步骤 2：在 B6 单元格中输入公式"=HLOOKUP(B5,$A$1:$M$2,2,0)"，在 B7 单元格中输入公式"=1-B6"，在 C6 单元格中输入"100%"，在 C7 单元格中输入"0"，如图 2-86 所示。

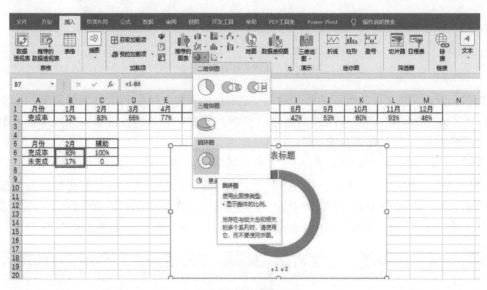

图 2-86　构建辅助表

步骤 3：选择 B6:B7 数据区域，在"插入"选项卡下的"图表"区域选择插入"圆环图"，如图 2-87 所示。

图 2-87　初始化圆环图

选中 C6:C7 数据区域，复制并粘贴至图表中。此时，可在图表区域中看见两个同心的圆环图，如图 2-88 所示。

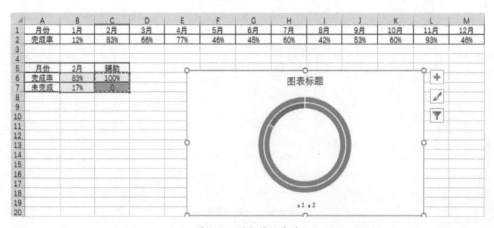

图 2-88　添加辅助系列

步骤 4：修改环形的样式。利用插入的方式绘制一个圆形，并设置填充颜色为无色，边框颜色为"淡蓝色"，边框的粗细为"6 磅"，边框线性为"虚线"。完成以后，复制该图形，并将其粘贴至图表区域中的外部圆环上。然后在"格式"选项卡下进行"形状填充"和"形状轮廓"的设置，将内层圆环的左侧部分半圆设置为"无边框""无填充"颜色的效果，如图 2-89 所示。

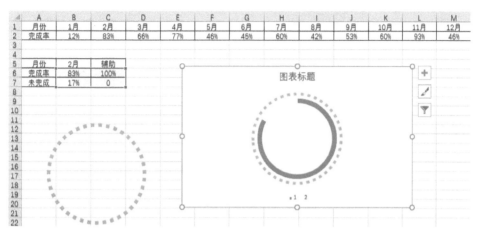

图 2-89　美化外层圆环

步骤 5：重新修改图表类型与数据。选中图表区域后，单击"设计"选项卡中的"更改图表类型"按钮，在打开的"更改图表类型"对话框中，对于数据源中的具体月份数据系列（这里应是"系列 1"）勾选"次坐标轴"，然后单击"确定"按钮，如图 2-90 所示。

图 2-90　重新修改图表类型

选中图表区域中的内层圆环图，单击鼠标右键，选择"设置数据系列格式"选项，在右侧的"设置数据系列格式"窗格中将"圆环图圆环大小"修改为 85%，如图 2-91 所示，使得外层蓝色圆环图略宽于底层的圆环图层。绘制完毕后，在圆环中心插入"哆啦 A 梦"的图片，使得整个饼图看起来更活泼有趣。

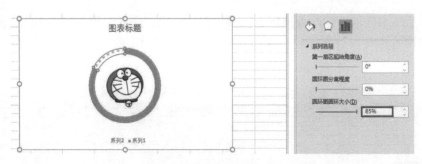

图 2-91 修改圆环内径大小

选中图表，在"设计"选项卡中选择"选择数据"，在"选择数据源"对话框中，选择月份系列，单击"编辑"按钮，如图 2-92 所示，进入"编辑数据系列"对话框中，修改系列名称为 B5 单元格，如图 2-93 所示，设置好后单击"确定"按钮。同理，也可对辅助系列做同样操作。

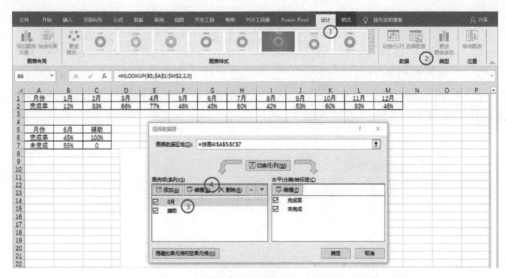

图 2-92 重构数据源

图 2-93 编辑系列名称

步骤6：调整图表。删除图表标题，添加图例。选中图表区域后，单击"设计"选项卡，选择"添加图表元素"→"图例"→"右侧"，即可为图表添加图例。在默认情况下，会添加数据源中的两个图例区域。我们通过两次单击图例区域中"辅助"数据的图例（单击一次表示选中整个图例区域，再单击一次则仅选中指定图例部分），选中后按Delete键将其删除。最后，调整图例区域的字体大小，并将其放置在图表区域中的合适位置，如图2-94所示。

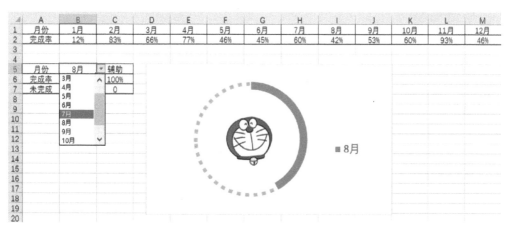

图2-94　各月毛绒玩具销售业绩情况统计

制作完成后，只需单击B5单元格中数据有效性下拉列表中对应的月份值，即可实现完成率动态图表的联动呈现效果了。

 任务总结

（1）饼图也称作扇形统计图，显示一个数据系列中各项的大小与各项总和的比例。

（2）在使用饼图时，要注意数据项中不能有负值；如果要显示比例数据，则必须要保证总和为100%。

（3）饼图中的类别不要太多，3~5个为宜，因为当数据集的分类过多时，数据集间占比的差异就不能较简单直观地展现了。

（4）饼图有一类延伸图表，称为"圆环图"，看起来就是中间被挖空的饼图，依靠环形的长度表示比例的大小。

任务四　制作其他常见基础图表

任务目标

制作散点图、气泡图和雷达图三类常见图表。

任务分析

（1）散点图、气泡图、雷达图的特点及其适用场景有哪些？
（2）散点图与气泡图之间的演变关系有哪些？
（3）散点图、气泡图、雷达图的制作方法和技巧有哪些？

基础知识

一、散点图与气泡图

散点图又称为 XY 散点图，将数据以点的形式展现，以显示变量间的相互关系或者影响程度，如图 2-95 所示，点的位置由变量的数值决定。散点图号称是最多才多艺的图表。它可以让一大堆令人困惑的散乱数据变得通俗易懂，并能让用户从这些庞杂数据中发现一些表面上看不到的关系。更重要的是，对于散点图来说数据量越多越好。因此，散点图适合用于展示大数据集。

其他常见基础图表视频

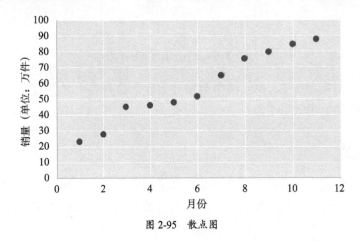

图 2-95　散点图

图 2-96　Excel 中散点图分类

通常情况下，散点图可以通过其 x 和 y 轴直接展现二维数据集。但事实上散点图还可以展示三维数据集。为了识别第三维，可以为每个数据点加上文字标识或者使用不同的颜色。

Excel 2019 中散点图的分类包括带平滑线和数据标记的散点图、带平滑线的散点图、带直线和数据标记的散点图、带直线的散点图、气泡图及三维气泡图等，如图 2-96 所示。

气泡图是散点图的一种变体。通过将散点图中的点进行无限放大，由点成面，从而实现通过每个点的面积大小来表示第三维，完成散点图向气泡图的演变。因此，气泡图可以实现三维数据集的展现。但由于人类肉眼不善于判断面积的大小，所以气泡图只适用于不要求精确辨识第三维的场合。我们将上述的散点图做一个转变，再增加一个"销售额"的维度，生成的气泡图如图 2-97 所示。

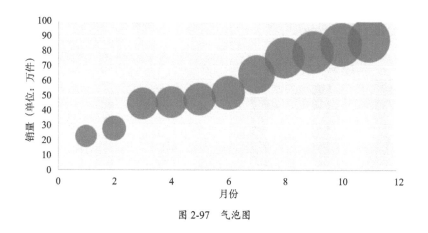

图 2-97 气泡图

二、雷达图

雷达图由于其外观特别像一张蜘蛛网,因此也被叫作"蜘蛛网图",是将多个维度的数据映射到起始于一个同心的坐标轴上,有利于展现某个数据集的多个关键特征。雷达图适用于多维数据,通常用于表示 4 维以上的数据,且每个维度必须可以排序。但雷达图有一个局限,它的数据点最多只有 6 个,否则无法辨别,因此使用场合有限。

Excel 2019 中雷达图的衍生图表包含带数据标记的雷达图和填充雷达图,如图 2-98 所示。

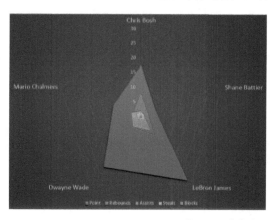

图 2-98 雷达图

📝 任务实施

制作气泡图

艾媒咨询对比了两组有趣的数据,如图 2-99 和图 2-100 所示。数据显示,2020 年中国结婚登记人数 813 万对,同比下降 14.1%,而 60 岁以上人口数量则逐年增长,2020 年达到 25400 万人。

制作气泡图视频

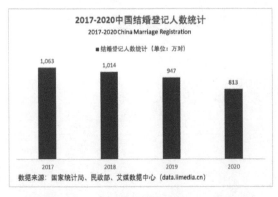

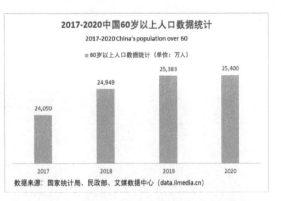

图 2-99 2017—2020 年中国结婚登记人数数据   图 2-100 2017—2020 年中国 60 岁以上人口数据

结合案例背景，请思考结婚登记人数与 60 岁以上人口数量之间是否存在某些规律？请通过气泡图来综合展现 2017 年到 2020 年间中国结婚登记人数数据与 60 岁以上人口数据之间的变化情况。

将以上图表中的数据整理放入 Excel 中，选中数据表，在"插入"选项卡下选择插入"气泡图"，如图 2-101 所示。

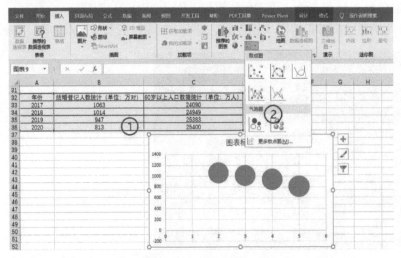

图 2-101 插入气泡图

观察新插入的图表可以发现，我们同样需要修改 x 轴的标签，将其转换为"年份"。另外，还有一个关键点很值得注意，那就是气泡图中 y 轴默认为结婚登记人数，气泡的大小则展现了 60 岁以上的人口数据。在制作气泡图时，我们希望通过气泡大小来实现第三维数据的对比，但前提是气泡的大小是有明显差异的。然而，观察数据表可以发现，2017 年到 2020 年间每年 60 岁以上人口数据非常接近，人通过肉眼无法区分气泡的大小。因此，我们需要做一个切换，将每年 60 岁以上人口数据通过 y 轴来展现，将每年结婚登记人数数据通过气泡大小来展现。具体操作如下：

首先，修改数据源。在"设计"选项卡下，选择"修改数据"，在跳出的"选择数据源"对话框中，单击"删除"按钮删除默认添加的数据系列，然后重新单击"添加"按钮，如图 2-102 所示。

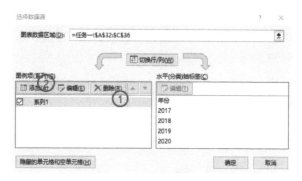

图 2-102　删除默认数据系列

在单击"添加"按钮后会出现"编辑数据系列"对话框，此处，我们就要设置气泡图的多个维度了。首先，指定"系列名称"，可以任意选择某一单元格，此单元格中的内容将成为图表的默认标题。其次，指定"X 轴系列值"，x 轴通常为时间序列，选中"年份"列下的数据区域 A33:A36 即可。还需指定"Y 轴系列值"，选中 C33:C36 数据区域作为每年 60 岁以上人口数据。气泡的大小通过结婚登记人数来定义，因此选中 B33:B36 区域，如图 2-103 所示。完成后，单击"确定"按钮，返回"选择数据源"对话框，再直接单击"确定"按钮即可。

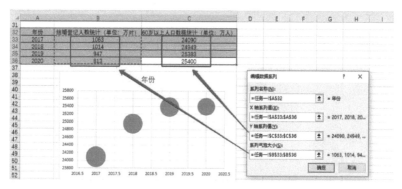

图 2-103　重构数据源

初步的图表已经完成了，但图表中的 x 轴仍会有明显的错误：年份有小数点。此时，选中 x 轴标签，单击右键选择"设置坐标轴格式"选项，在 Excel 右侧的"坐标轴选项"栏下，修改最大单位为"1.0"，如图 2-104 所示。

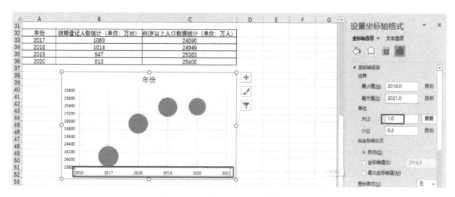

图 2-104　修改 x 轴坐标轴格式

再修改 y 轴标签的数据格式，将其设置为带千字符的数值类型。选择 y 轴标签，右击选择"设置坐标轴格式"选项，在右边的"数字"栏下，将"类别"设置为"数字"，小数位数设置为"0"，如图 2-105 所示。

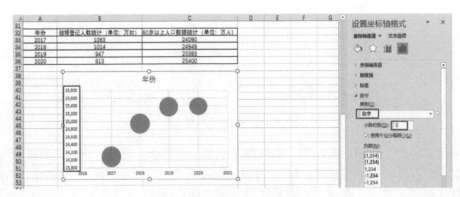

图 2-105　修改 y 轴坐标轴格式

然后，修改标题为"2017-2020 年中国 60 岁以上人口及结婚登记人数统计"。选中所有气泡，右击选择"设置数据系列格式"选项，同样在"系列选项"选项卡下修改气泡，气泡大小可通过"气泡宽度"来表示，如图 2-106 所示。这样可使得气泡的大小差异更直观。

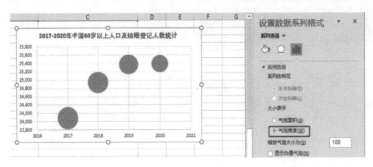

图 2-106　设置气泡大小

最后，添加横纵坐标轴标签，也可按照自己的喜好修改所有气泡或者任意一个气泡的颜色，不过要注意色调的搭配。当然，也可以修改绘图区域的填充颜色和网格线的颜色。经过调整，最终生成的气泡图如图 2-107 所示。

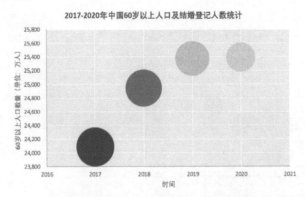

图 2-107　2017—2020 年中国 60 岁以上人口及结婚登记人数统计

拓展训练

制作雷达图

雷达图是专门用来进行多指标体系比较分析的专业图表。从雷达图中可以看出指标的实际值与参照值的偏离程度，从而为分析者提供有益的信息。雷达图一般用于成绩展示、效果对比量化、多维数据对比等，只要有前后 2 组 3 项以上数据均可制作雷达图，其展示效果非常直观，而且图像清晰耐看。我们以某公司两款产品 2020 年 12 个月的销量数据为例，如图 2-108 所示，在 Excel 中制作一个雷达图。

	A	B	C
1	Month	Product1	Product2
2	Jan	6897	1983
3	Feb	7732	5547
4	Mar	4500	7330
5	Apr	3122	9832
6	May	893	10739
7	Jun	734	16453
8	Jul	891	15874
9	Aug	559	9833
10	Sep	5433	3244
11	Oct	8734	2873
12	Nov	11873	3459
13	Dec	18730	5433

图 2-108　某公司两款产品 2020 年 12 个月的销量数据

步骤 1：插入图表。以上数据已经放入 Excel 中，我们只需选中数据表，在"插入"选项卡下选择插入"填充雷达图"，如图 2-109 所示。

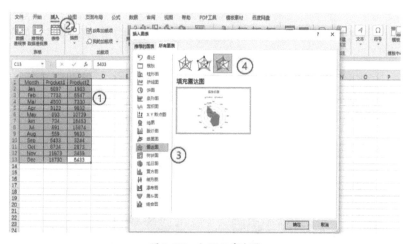

图 2-109　初始化雷达图

步骤 2：美化图表。选中图表，在"图表设计"选项卡下选择"样式 5"，如图 2-110 所示。此时，图表的整体样式也随之改变。

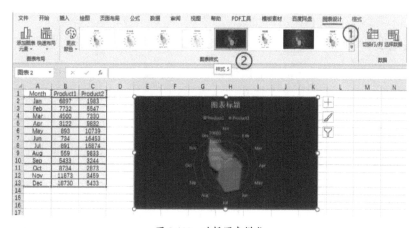

图 2-110　选择图表样式

当然，用户也可以根据自己的喜好选择图例的颜色，只需要在"图表设计"选项卡下的"更改颜色"中选择新的配色即可，如图 2-111 所示。

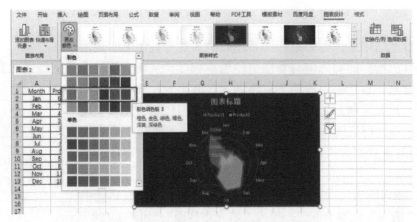

图 2-111 选择图表配色

最后，取消显示图表标题，再调整图表大小，最终生成的雷达图样式，如图 2-112 所示。

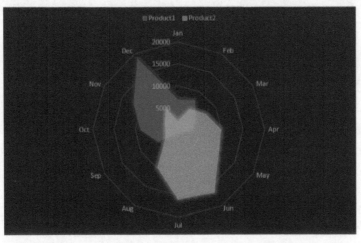

图 2-112 某公司两款产品 2020 年 12 个月的销量数据雷达图

 拓展总结

（1）散点图、气泡图和雷达图的适用场景总结如表 2-3 所示。

表2-3 散点图、气泡图和雷达图特点

图表类型	适用维度	适用场景
散点图	二维或三维	有两个维度数据需要比较
气泡图	三维	其中有两个维度的数据能精确辨识，第三维度的数据通过气泡的大小来体现
雷达图	四维以上	四维数据以上，但建议数据点不超过 6 个

（2）将散点图中的数据点无限放大，由点成面，就可以表示第三维了，散点图也由此转变成为气泡图，气泡图中第三维的比较是不精确的。

（3）雷达图通过面积的大小来展示综合情况，至多只能展示6个数据点。

课后习题

1.单选题

（1）小明需要展现公司2020年各季度销售额占比情况，选用（　　）较为合适。

A.柱形图　　　　B.折线图　　　　C.条形图　　　　D.饼图

（2）下列图表中最适用于大数据集展示数据变化趋势的图表是（　　）。

A.柱形图　　　　B.条形图　　　　C.饼图　　　　D.折线图

（3）下列图表中适用于展示订单数量走势情况的图表是（　　）。

A.折线图　　　　B.柱形图　　　　C.饼图　　　　D.漏斗图

（4）以下是某连锁超市对不同地区销售额的统计图，（　　）图是错的。

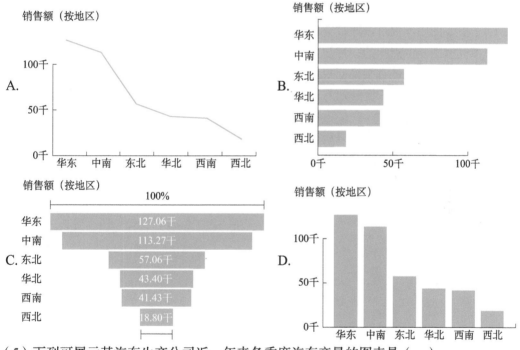

（5）下列可展示某汽车生产公司近一年来各季度汽车产量的图表是（　　）。

A.折线图　　　　B.甜甜圈图　　　　C.柱形图　　　　D.饼图

（6）（　　）就是图中堆叠在最上面的那层半透明的图层，用于区别或细化其他图层的信息。

A.圆环　　　　B.蒙版　　　　C.扇形　　　　D.坐标轴

（7）折线图中通过突出线的变化来展示折线图的类型称作（　　）。

A.隐性折线图　　　　B.显性折线图　　　　C.正面折线图　　　　D.反面折线图

（8）以下（　　）可以展示某连锁超市各地区门店销售额数据情况，既可以展示各门店的销售额大小，也可以展示其地理位置。

A. 气泡图　　　　　B. 折线图　　　　　C. 饼图　　　　　D. 雷达图

（9）我们可以通过构建多个圆环图来实现饼图的变体，从而实现多重参数的双重饼图，但不能通过（　　）实现多维数据的展现。

A. 圆环的个数　　　　　B. 圆环的长度　　　　　C. 圆环的颜色　　　　　D. 圆环的胖瘦

（10）下列行为不符合数据分析人员职业道德的是（　　）。

A. 依法合规采集所需的各类数据

B. 不经允许不私自泄露企业的任何非公开数据

C. 在制作图表时，改变呈现方式，人为缩小数据间的巨大差异

D. 实事求是，对企业统计数据不瞒报、不谎报

2. 判断题

（1）柱形图适合用于表示数据的变化趋势。（　　）

（2）条形图就是把柱形图顺时针转动 90 度。（　　）

（3）通过组合键 Ctrl+C 与 Ctrl+V 可以实现图表的填充。（　　）

（4）折线图中不仅可以通过突出折线，也可以通过突出数据点来实现数据的展现。（　　）

（5）气泡图是散点图的一种演变。（　　）

（6）图表标题应该直接说明观点或者需要强调的重点信息。（　　）

（7）柱形图的 y 轴刻度建议从 0 开始。若使用非 0 起点坐标，必须要有充足的理由，并且要添加截断标记。（　　）

（8）雷达图中的数据点可以超过 6 个。（　　）

（9）可以采集互联网中公开的未经他人允许的私密数据。（　　）

（10）很多时候我们获取到的数据源并不是直接适用于可视化图表设计的格式，需要我们做一些转换，将源数据进行重新整理。（　　）

模块三

Excel高级可视化图表

知识目标

※ 了解高级业务图表的种类及其适用场景；

※ 掌握常用高级业务图表的构建思路；

※ 理解可视化图表选择的原则和方法；

※ 掌握图表制作与美化的要点。

技能目标

※ 具备根据不同数据模型选择合理图表的能力；

※ 掌握 Excel 2019 中高级业务图表创建的方法；

※ 掌握 Excel 2019 中高级业务图表调整和美化的方法。

思政目标

※ 培养通过数据的思维分析问题和解决问题的能力；

※ 具备数据分析从业人员认真严谨的工作态度；

※ 追求数据可视化全过程中数据的客观性和真实性，做到不误导、不伪造数据。

任务一　制作高级业务图表

任务目标

制作常用的高级业务图表。

（1）业务场景中常用的高级图表有哪些，分别适用于哪些场景？

（2）根据实际数据模型，如何选择高级图表？

（3）如何创建各类常见的高级业务图表？

基础知识

除了我们已经学习的基础图表外，还有一些业务场景中经常遇到的稍复杂的图表，我们可将它们归类为"高级业务图表"，主要包括树状图、旭日图、漏斗图、瀑布图和地图等。

制作高级业务
图表视频

一、树状图

树状图是利用各个矩形的大小、位置和颜色来区分各个数据之间的权重关系以及占总体的比例的图表，便于我们快速掌握各项数据的分布和占比情况，如图 3-1 所示，展现了某连锁超市 2020 年各地区累计销售额分布占比情况。

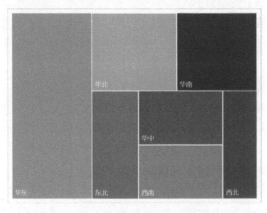

图 3-1　某连锁超市 2020 年各地区累计销售额分布占比情况

既然可以称为树状图，当然还是和树有关系的。就拿地区数据来说，在业务数据表中，地区数据通常被存储在二维表格中，如图 3-2 所示。

城市	省/自治区	国家	地区
即墨	山东	中国	华东
长沙	湖南	中国	中南
桦甸	吉林	中国	东北
沈阳	辽宁	中国	东北
济宁	山东	中国	华东
襄樊	湖北	中国	中南
吴川	广东	中国	中南
平度	山东	中国	华东
上海	上海	中国	华东
贵州	甘肃	中国	西北
长沙	湖南	中国	中南

图 3-2　地区数据

我们若将整张数据表想象成一棵树，其中每一项数据就是其中的枝叶。那么在树结构中，"国家""地区""省 / 自治区""城市"这几个字段之间的关系将转换成如图 3-3 所示的结构。将该图旋转 180°，就是一棵树。只不过对于树状图来说，树结构中的枝叶是放在一个小矩形中的，而每一个数据矩形又错落有致地排放在一个整体的大矩形中。由此，在树状图中我们就可以利用各个小矩形的大小、位置和颜色来区分各个数据之间的分布和占比情况了。

图 3-3　树结构

此外，树状图也可展现一二层从属类别的关系。在上例中，我们可以基于各地区销售额的分布情况，将地区进行细分，就可以展现该地区下各省份的销售额分布和占比情况了，如图 3-4 所示。

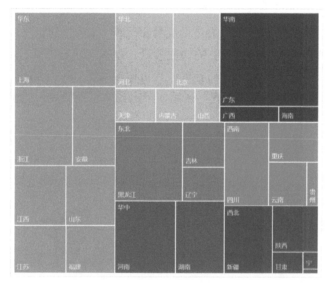

图 3-4　某连锁超市 2020 年各省份累计销售额分布占比情况

但是要注意的是，如果数据多于两个层级，树状图就不是很适用了，过于细分的数据会使得树状图看起来杂乱无章，违背了可视化设计的初衷。这种情况下我们可以利用旭日图等其他层级图来更好地展示这种多层级数据关系。

在学习树状图时，还有一个"空间利用率"的概念。空间利用率是指图表中非空白区域所占总图表面积的比例。其他图表如条形图、折线图等，在图表内部总会有大面积空白区域没有被完全利用上，而在树状图中不会存在任何空白区域，每一处都用在了表现数据的关系上。从这方面看，树状图绝对算是空间利用率最高的图表了。

二、旭日图

旭日图与树状图类似，直观、易读，适合展示数据的比例和数据的层级关系。因此在 Excel 2019 的"插入"选项卡下的"图表"区域分类中，它们被划分在同一子图表组中。但与树状图不同的是，旭日图适用于展现多层级的数据，层级越多，其功能的展现就显得越强大。如图 3-5 所示，该图表展现了某电子商务店铺内各层级流量来源明细占比情况。

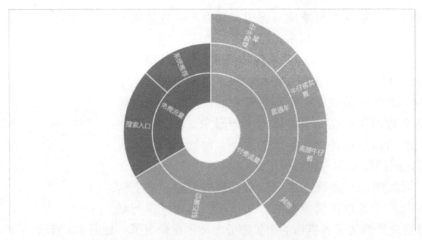

图 3-5　某电子商务店铺内各层级流量来源明细占比

　　下面，我们以某集团公司各单位人员构成数据为例，按照所属分公司、部门、组别、主管、员工这 5 个级别来呈现各单位人员的构成数量，制作"旭日图"，操作步骤如下：

　　（1）插入图表。打开"某集团公司各单位人员构成数据 .xlsx"数据文件，选中数据表区域 A1:F9，在"插入"菜单下的"图表"区域，单击插入"旭日图"，如图 3-6 所示。

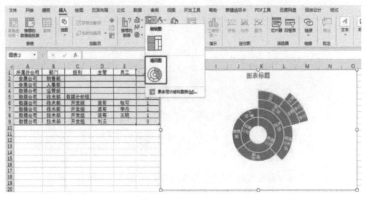

图 3-6　插入旭日图

　　（2）图表美化。在"图表设计"菜单下"更改颜色"处选择"彩色调色板 2"，如图 3-7 所示。

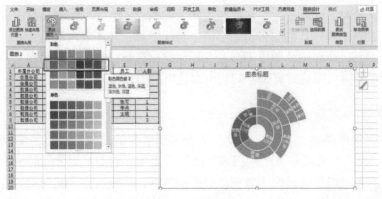

图 3-7　美化旭日图

（3）最后，取消显示图表标题，在图表右侧添加图例，如图 3-8 所示。

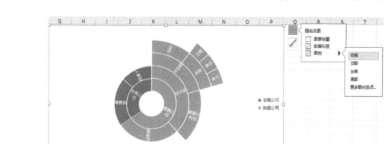

图 3-8 某集团公司各单位人员构成旭日图

三、漏斗图

漏斗图中以各数据条中心为中轴线对齐，数据条长度从上到下逐渐减小，呈现漏斗的样式，因此被称为漏斗图，如图 3-9 所示。

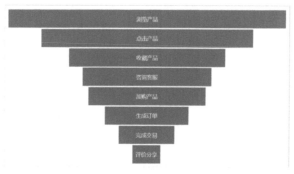

图 3-9 漏斗图

漏斗图适用于业务流程比较规范、有顺序、周期长、环节多的流程分析。在真实业务场景中，可以通过漏斗图查看业务活动的进度和成功率。例如《非诚勿扰》节目中男女嘉宾牵手成功的转化率漏斗图，如图 3-10 所示。

图 3-10 "非诚勿扰"节目男女嘉宾牵手成功转化情况

通过漏斗图，也可以对业务流程进行分析，查找瓶颈。通过对各环节业务数据的比较，能够直观地发现和说明问题所在。在电子商务网站分析中，漏斗图通常用于转化率比较。它不仅能展示用户从进入网站到实现购买的最终转化率，还可以展示每个步骤的转化率。

以某电子商务网站点击转换数据为例，打开"某电子商务网站点击转换数据.xlsx"文件，选中 A1:B6 数据区域，在"插入"菜单下的"图表"区域，单击插入"漏斗图"，如图3-11 所示。

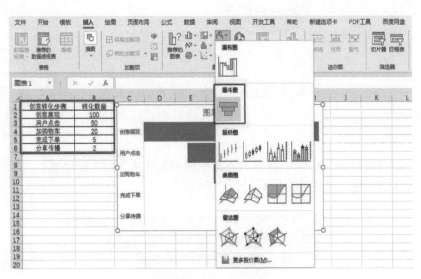

图 3-11　插入漏斗图

然后，对图表进行美化。修改图表标题为"某电子商务网站点击转换漏斗图"，字体为14 号，加粗。适当调整图表大小，最终呈现如图 3-12 所示。

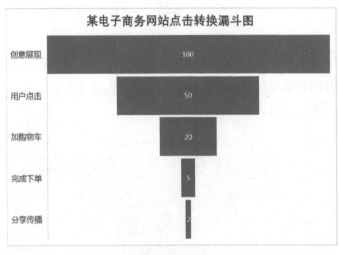

图 3-12　美化漏斗图

通过以上案例可以看出，漏斗图主要用于展现数据的转化过程。需要注意的是，在作图时应该保证各个环节的数据是同一度量的，这样的比较才有效。

四、瀑布图

瀑布图是经营管理中比较常见的一种图表，也称阶梯图，如图 3-13 所示。它可以清晰地反映某项数据经过一系列增减变化后最终成为另一项数据的过程。例如，从销售额扣除各种费用、成本、税费等直到转化成利润的过程。瀑布图既可以直观地展示数据量的演变过程，又可以详细地呈现数据变化的细节。

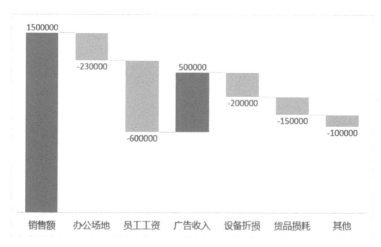

图 3-13　瀑布图

在实际场景中，瀑布图主要有两个适用场景。第一，当我们需要解释数据的来源时，可以使用瀑布图。第二，当我们需要找出过程中的主要影响因素时，也可以使用瀑布图。

假设我们需要展示个人一周内的收支金额情况，并找出哪一天的支出最多，就可以使用瀑布图了。打开"个人一周收支情况数据 .xlsx"数据文件，选中 A1:B8 数据区域，在"插入"选项卡下的"图表"区域，选择插入"瀑布图"，如图 3-14 所示。

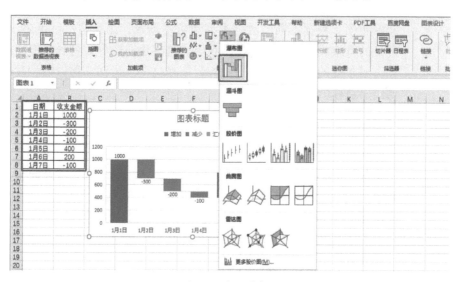

图 3-14　插入瀑布图

然后，对图表进行美化。取消显示纵主坐标轴、图例和网格线，并修改图表标题为"个人一周收支明细"。当然,我们可以在"图表设计"菜单下"更改颜色"处选择"彩色调色板 3"。此时,一张瀑布图就完成了,如图 3-15 所示。

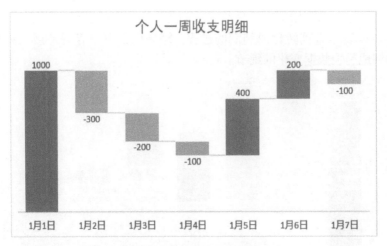

图 3-15 个人一周收支明细瀑布图

根据观察可以发现,瀑布图中橙色(深色)代表收入,黄色(浅色)表示支出。通过不同颜色的柱子可以帮助用户快速区分收入与支出,且图中每天柱子起始高度是前一天的余额数据。通过图 3-15 可知,第一天的金额有 1000 元,经过每天的入账和出账过程后,一周的最后一天还剩 900 元,且在过去的一周中,1 月 2 日这天的支出最多,1 月 5 日那天收入最多。

要注意的是,在生成瀑布图时务必要关注 x 轴的排序问题。瀑布图的 x 轴往往是分类字段,大多数情况下是日期时间,有时的字段是未经排序的。当 x 轴是日期时间时,特别要关注其排序是否正确。因为,在需要通过瀑布图来展现某变量有序增减变化的场景中,若 x 轴的时间为乱序,则分析的结果多半也是不准确的。

在实际运用及各类媒体的可视化图表中,我们经常可以看到各种各样的瀑布图。根据不同的数据类型和应用场景,瀑布图也衍生出多种类型,常见的有组成瀑布图和变化瀑布图。这些瀑布图外观各异,但无论如何变化,瀑布图的基本类型和构成元素都是这些。灵活掌握以后,我们也可以创作出含有个人风格的瀑布图。

图 3-16 着色地图

五、地图

在纷繁的表格数据中,有时候会碰到数据与地名有关的情况,这时虽然也能用 Excel 的图表来表现,但如果能将数据和地图结合起来,将会收到更好的效果。应用地图来分析和展示与位置相关的数据,要比在 Excel 中单纯的数字更为明确和直观,让人一目了然。

为了满足业务需求,Excel 2019 已将"着色地图"作为内置的图表,如图 3-16 所示。当然,我们也可以选择插入"三维地图"使地图变得更有动感和科技感。总的来说,Excel 地图由于其表现方式的直观性和形象性,在跨地区数据的表现上有着不俗的表现。

任务实施

制作树状图

树状图是 Excel 2016 中新增的图表，非常适合展示数据的比例和数据的层次关系，它的直观性和易读性是其他类型的图表所无法比拟的。比如用它来分析各个部门的人数，可以说一目了然。

制作树状图视频

打开"某企业人事数据.xlsx"文件，选中数据源中的 A1:B7 单元格区域，单击"插入"选项卡，选择"图表"区域中的"树状图"，如图 3-17 所示。

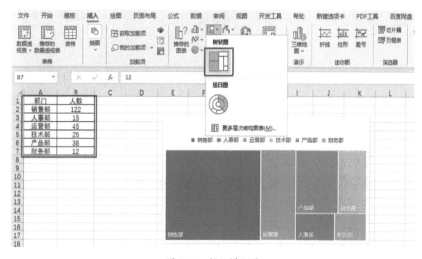

图 3-17　插入树状图

选中图表，在图表的右上角单击"+"号，取消勾选"图表标题"和"图例"；再在"图表设计"菜单下选择"更改颜色"，选择"彩色调色板 4"，此时，树状图就完成了，如图 3-18 所示。

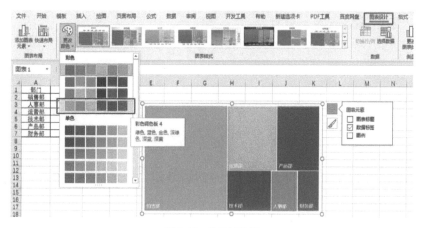

图 3-18　美化树状图

当然，树状图还能够根据一二级从属类别的不同进行分级展示。如在以上部门分类的基础上，再添加一级"分管领导"，将数据源修改为"分管领导"与"部门"字段之间的从属关系数据表，重新按照以上图表添加的方式创建图表。

选中数据源区域 A1:C7，单击"插入"选项卡，在其"图表"区域中选择"树状图"，如图 3-19 所示。

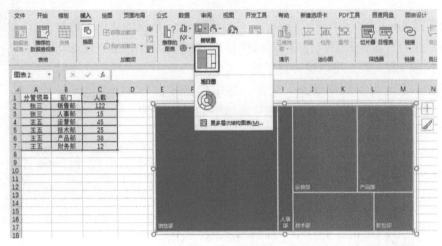

图 3-19　再次插入树状图

修改树状图的配色，在"图表设计"菜单下的"更改颜色"处，选择"彩色调色板 4"。如果要突出"分管领导"的名字，则可以选中图表，单击鼠标右键，选择"设置数据系列格式"选项，在右侧的"设置数据系列格式"窗格中，"系列选项"下的"标签选项"中选择"横幅"。此时，树状图呈现如图 3-20 所示。

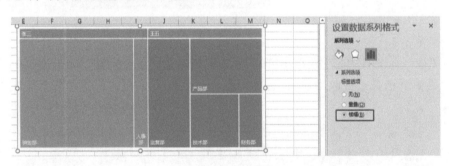

图 3-20　美化树状图

拓展训练

制作漏斗图和瀑布图

转化率是网店最终能否盈利的核心，提升成交转化率是网店综合运营实力提升的关键。

无论是流量引导还是购买，都存在着各种转化率。以电商场景中客户购买路径为例，主要包含了浏览产品、点击产品、收藏产品、加购产品、生成订单和完成交易等步骤。我们将某家居店铺的 A 产品和 B 产品在每个购物环节中的人数情况进行采集，汇总后得出如表 3-1 所示的数据。

表3-1　用户购买路径数据

步骤	A产品（人数）	B产品（人数）
浏览产品	5000	2500
点击产品	3800	1800
收藏产品	2500	1200
加购产品	2100	900
生成订单	1500	850
完成交易	1000	780

通过以上数据发现，无论是 A 产品还是 B 产品，其最终完成交易的人数往往比浏览产品的人数要小得多。说明在每个步骤转化的过程中，商家总会流失掉许多客户。另外，经计算发现，A 产品的成交转化率为 20%，B 产品的成交转化率为 31.2%，而 A 产品的浏览数量却是 B 产品的一倍。

我们可以得出结论，流量大小和转化效果之间似乎并没有直接的关系，高流量≠高转化。根据该店长反馈，该店铺一直希望能将 A 产品打造成爆款，前期已为其投入了不少推广费用，主要费用如表 3-2 所示，可是推广效果似乎不理想。因此，关注产品流量大小的商家事实上更应该关注各渠道及购买环节中的转化效果，这样对渠道的效果进行评价才比较合理。

表3-2　A产品推广费用统计

推广渠道	花费（元）
直通车	2300
淘宝客	2500
线上广告	2000
种草 App	1500
其他	500

结合案例背景，请完成以下任务：

（1）制作客户购买 A 产品过程中的人数转化漏斗图；

（2）制作 A 产品参加推广活动而产生的花费瀑布图。

根据任务背景中提供的两份数据，分别将其放入 Excel 表格中，然后逐一完成漏斗图和瀑布图的制作。我们先开始 A 产品人数转化漏斗图的制作。

数据可视化

步骤1：插入漏斗图。选中A产品的人数转化数据区域A1:B7，在"插入"选项卡下选择"漏斗图"，如图3-21所示。

图3-21 插入漏斗图

步骤2：美化漏斗图。修改图表标题为"某家居店铺的A产品转化人数统计"。然后再统一修改漏斗图中条形的颜色为"橙色"，如图3-22所示，再适当调整图表的大小，生成的漏斗图如图3-23所示。

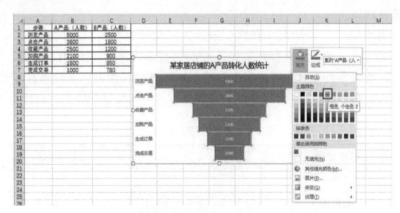

图3-22 美化漏斗图

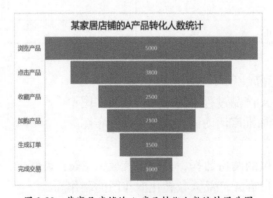

图3-23 某家具店铺的A产品转化人数统计漏斗图

在制作漏斗图时要注意，在插入图表之前需要确认数据列的数字是按从大到小的顺序排序的，否则，生成的漏斗图就不是漏斗的形态了。

下面，我们再来完成瀑布图的制作。制作瀑布图的过程与漏斗图类似，也需要提前对数据做一些准备。默认情况下，Excel 2019 中的瀑布图是不会自动计算总计结果的，因此在本例中为了显示数据的总值，我们将总计行放到数据表的第一行，然后将后续的每一笔推广花费转换成负数，如图 3-24 所示。最后，再正式开始制作瀑布图。

推广渠道	花费
总计	8800
直通车	-2300
淘宝客	-2500
线上广告	-2000
种草app	-1500
其他	-500

图 3-24　推广费用统计图

步骤 1：插入瀑布图。选中推广渠道花费数据区域 A12:B18，在"插入"选项卡下选择"瀑布图"，如图 3-25 所示。

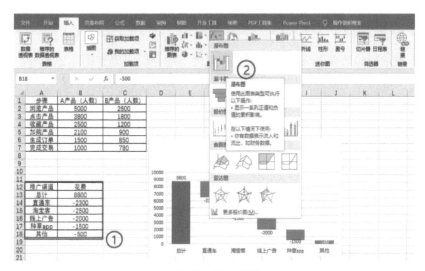

图 3-25　插入瀑布图

步骤 2：美化瀑布图。修改图表标题为"某家居店铺的 A 产品推广费用统计"，删除图例、网格线和纵坐标轴。然后再分别修改瀑布图中"总计"和其他花费的柱子颜色。将"总计"的柱子修改为"土黄色"，将其他花费的柱子修改为"姜黄色"，如图 3-26 所示，再适当调整图表的大小，生成的瀑布图如图 3-27 所示。

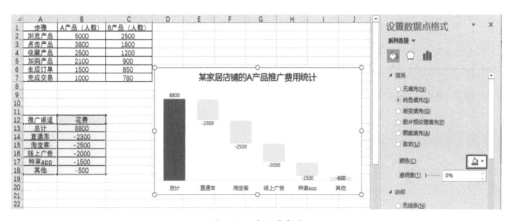

图 3-26　美化瀑布图

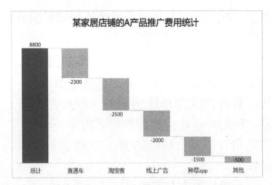

图 3-27 某家具店铺的 A 产品推广费用统计图

 任务总结

（1）业务中常用的高级图表有树状图、旭日图、漏斗图、瀑布图、地图等。

（2）漏斗图适用于业务流程比较规范、有顺序、多环节的流程分析。

（3）瀑布图可以清晰地反映某项数据经过一系列增减变化后最终成为另一项数据的过程。

（4）树状图是利用各个矩形的大小、位置和颜色来区分各个数据之间的权重关系以及占总体的比例的图表，便于我们快速掌握各项数据的分布和占比情况。

（5）旭日图与树状图类似，直观、易读，适合展示数据的比例和数据的多层级关系。

任务二　美化可视化图表

 任务目标

对创建完成的初始图表进行美化。

 任务分析

（1）基本图表元素有哪些？

（2）每类图表的制作要点有哪些，该怎么调整？

（3）每类图表美化的要点有哪些，如何处理？

 基础知识

一、图表制作要点

图表的目的在于更清晰地表现和传递数据中的信息，在制作图表的过程

美化可视化图表
视频

中，需要规避误区，制作出既符合规范又美观大方，并且能够准确传达信息的各类图表。以下几条是图表制作的共性要求。

（1）图表信息要完整。结合图表需要图表信息可能包括标题、单位、资料来源等。其中，标题介绍图表的主题；单位是对图表中数据单位的说明；资料来源赋予数据可信度。

（2）图表的主题应明确，在标题中清晰可见。在图表的标题中直接说明观点或者需要强调的重点信息，切中主题，如"2020 年 A 县猕猴桃产量翻了一番"。

（3）避免生成毫无意义的图。在某些情境下，表格比图更能有效传递信息，避免生成无意义的图。

（4）y 轴刻度从 0 开始。若使用非 0 起点坐标，必须要有充足的理由，并且要添加截断标记。

在图表制作过程中，错误的坐标轴选择或者关键元素的缺失，会使得图表的准确性下降，表意不明。因此，需要结合各类图表的特性及表达的主题进行图表的制作。下面就 Excel 中最常见的图表类型——柱形图、条形图、折线图、饼图分别进行阐述。

（1）柱形图。

①柱形图强调数据的准确性，柱形图的 y 轴刻度无特殊原因必须要从 0 开始，即有清晰的零基线，否则会出现不必要的误解。请对比以下两张图，如图 3-28、图 3-29 所示。

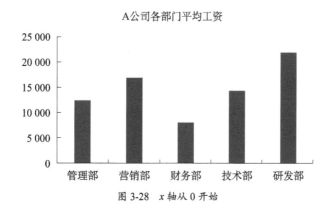

图 3-28　x 轴从 0 开始

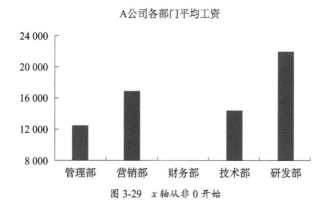

图 3-29　x 轴从非 0 开始

②比较分类项目时，若分类标签文字过长，导致重叠或倾斜，可改用条形图。

③同一数据系列的柱子使用相同的颜色。

④图表 x 轴不要使用倾斜的标签，避免增加阅读难度。

（2）条形图。

①制图前首先将数据由大到小进行排列，方便阅读。

②分类标签特别长时，可放在数据条与条之间的空白处。

③同一数据系列使用相同的颜色。

（3）饼图。

①饼图的制作应该按照用户的阅读习惯，数据从大到小排序，最大的扇区以时钟的 12 点为起点，顺时针旋转，如图 3-30 所示。

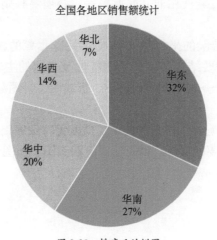

图 3-30　排序后的饼图

②饼图的数据项不应过多，建议保持在 5 项以内。

③不要使用爆炸式的"饼图分离"，对于想要强调的扇区，可以单独分离出来，如图 3-31 所示。

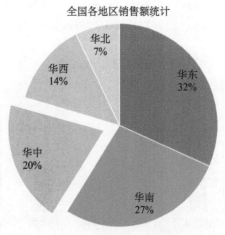

图 3-31　突出显示的饼图

④饼图不建议使用图例，易致使阅读不方便，可将标签直接标在扇区内或旁边。

⑤扇区被不同颜色填充时，推荐使用白色的边框线，以具有较好的切割感。

（4）折线图。

①折线图选用的折线线性要相对粗一些，需要比坐标轴、网格线更为突出。

②折线一般不超过 5 条，否则容易显得凌乱，数据系列过多时建议分开制图。

③图表 x 轴不要使用倾斜的标签，避免增加阅读难度。

④y 轴刻度一般从 0 开始。

二、图表美化要点

图表制作完成后，还需要对图表进行美化，使得所呈现的图表简约大方，美化要点如下：

（1）最大化数据墨水笔。最大化数据墨水笔是指图表中每一滴墨水都要有存在的理由。好的图表要尽可能将墨水用在数据元素上，而不是非数据元素上。数据元素是指图表中能直接展示数据信息的元素，如柱形图中的柱子、折线图中的折线、饼图中的扇形等。

想要最大化图表的数据墨水笔，可以从以下 4 个方面出发：

①去除所有不必要的非数据元素。若非某种特殊需要，应尽可能去除不必要的非数据元素，如去掉图表网格线、去掉不必要的背景填充色、去掉无意义的颜色变化、去掉装饰性的图片、去掉不必要的图标框。

②弱化和统一剩下的非数据元素。如果出于数据展现的需要，需保留某些非数据元素，如坐标轴、网格线、填充色等，则应注意使用淡色弱化。

③去除所有不需要的数据元素。不要在同一幅图表中放入太多的数据系列，只抽取关键的、重要的数据。

④强调重要的数据元素。对图表中最重要的数据元素进行突出标识，可以通过着重颜色，或对字体加粗进行突出。

（2）选择合适的字体及数字格式。选用合适的字体可以增加图表的整洁感和美观度。例如文字用微软雅黑或宋体，数字和字母则选用 Arial。

（3）图表的色彩应该柔和、自然、协调。图表的色彩运用得当，此外，在表示强调和对比时可选用对比色，如表示店铺产品的亏盈情况时，可选用对比色（如深色和浅色，暖色和冷色）。

 任务实施

创建美化基础业务图表视频

美化基础业务图表

艾媒咨询数据显示，中国移动电商用户数从 2018 年的 6.08 亿逐年上升，2019 年达 7.13 亿，2020 年达 7.88 亿人。2020 年，24 周岁及以下的青年用户占比 33.5%，达到 2.64 亿，24～30 岁的用户有 2.53 亿，30 岁及以上用户达 2.71 亿。预计在未来两年中，中国移动电商用户规模会继续突破高点，2021 年预计将会有 8.42 亿，2022 年则会达到 8.69 亿。

艾媒咨询分析师认为，一方面，电商行业的渗透率不断提升，直播电商、社交电商等新业态的发展也使其能够覆盖的用户类型更加广泛。另一方面，随着年轻人群逐渐成为消费主力和电商主要用户，品牌方在市场争夺中也需要适应新一代客户群体的消费需求和特点，同时也涉及营销环节的变化。

结合案例背景，请完成以下任务：

（1）制作 2018 年至 2022 年中国移动电商用户规模及预测图；

（2）制作 2020 年中国移动电商用户年龄分布图。

为了更加方便地完成图表制作任务，我们需要先根据任务背景，将数据进行整理后再将其放入 Excel 表格中。首先，整理 2018 年至 2022 年每年移动电商的用户数，并计算相应的环比增长率，结果如图 3-32 所示。

	A	B	C
1	年份	移动电商用户数	环比增长率
2	2018	6.08	
3	2019	7.13	17.27%
4	2020	7.88	10.52%
5	2021	8.42	6.85%
6	2022	8.69	3.21%

图 3-32　2018—2022 年移动电商用户数据

同理，我们也可以整理出 2020 年移动电商用户各年龄层的分布情况，如图 3-33 所示。

	年龄段	2020年中国移动电商用户分布情况
10		
11	24岁及以下	2.64
12	24~30岁	2.53
13	30岁及以上	2.71

图 3-33　2020 年中国移动电商用户年龄分布数据

1. 制作 2018—2022 年中国移动电商用户规模及预测图

完成后，我们将正式进入可视化设计阶段。针对这些内置图表，无论数据如何变化或插入此范围内的何种图表，其插入的方式都是类似的，在本例中，我们需要添加一个组合图。具体步骤如下：

步骤 1：插入图表。选中数据区域 A1:C6，在"插入"选项卡下的"图表"区域中选择插入"组合图"，如图 3-34 所示。选中后，在"插入图表"对话框中，勾选"系列 3"的"次坐标轴"选项，此时，预览区域就能看见生成的图表样式了，确认无误后单击右下角的"确定"按钮。此时，在 Excel 的主界面中就可以看到新生成的柱形图了。

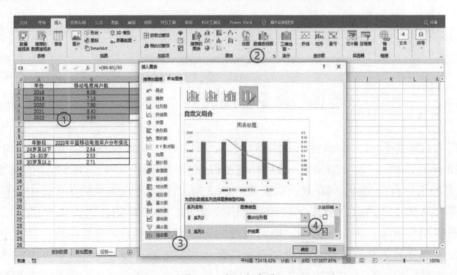

图 3-34　插入组合图

　　仔细观察可发现，图表的 *x* 轴并不是时间序列（年份），并且在此处，时间序列并不需要作为一个数据系列展示出来，因此，我们要重构数据源。

　　步骤 2：重构数据源。选中图表，在"设计"选项卡下，单击"选择数据"，在"选择数据源"对话框中选中"系列 1"，然后单击"删除"按钮，将时间序列删除，如图 3-35 所示。

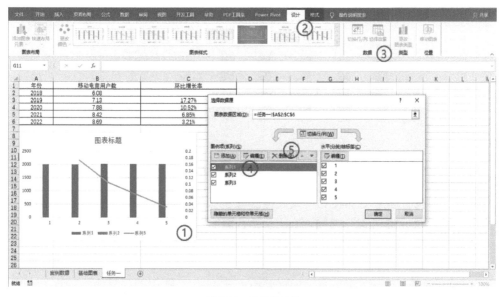

图 3-35　重构数据源

　　此时，图表只剩下两个系列了，但我们还需要使 *x* 轴显示年份。选中"系列 2"，单击"选择数据源"对话框中的"水平（分类）轴标签"下的"编辑"按钮，此时会弹出"轴标签"对话框，在 Excel 表格中选中"年份"列下的数据区域 A2:A6，如图 3-36 所示，然后在"轴标签"对话框中单击"确定"按钮，即可完成 *x* 轴年份的展示。同理，对"系列 3"也做重复的操作。

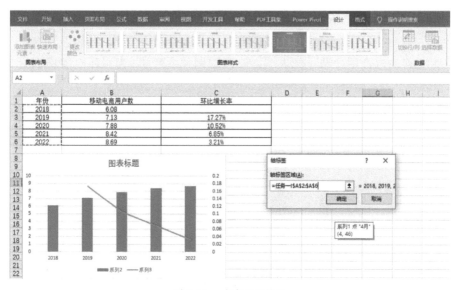

图 3-36　*x* 轴数据源修改

步骤 3：按需删减图表元素。在设置好行列数据的图表中，图表看起来并不完美，还需要对其进行图表元素的调整。对于图表元素的添加和删除，只需要选中图表，展开其右上方的"+"号按钮，对相应的图表元素进行勾选即可。在此处，我们可以取消网格线，添加数据标签，如图 3-37 所示。

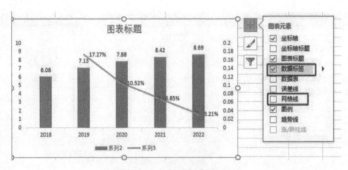

图 3-37　删减图表元素

通常为了图表看起来更加美观，我们会隐藏主次纵坐标轴标签。选中主纵坐标轴标签，右击选择"设置坐标轴格式"选项，在 Excel 右侧窗口中的"标签"栏下，将"标签位置"设置为"无"即可，如图 3-38 所示。同理，也可以对次纵坐标轴做同样设置。

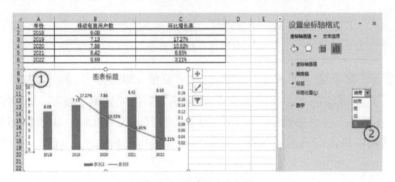

图 3-38　隐藏主次坐标轴

设置完成后，修改图表标题为"2018-2022 年中国移动电商用户规模及预测"，修改图例"系列 2"为"移动电商用户数（亿人）"，修改图例"系列 3"为"环比增长率"，并将图例移动至图表标题下方。最终图表呈现如图 3-39 所示，至此完成任务（1）。

图 3-39　2018—2022 年中国移动电商用户规模及预测

2020年中国移动电商用户年龄分布图

以下我们开始制作 2020 年中国移动电商用户年龄分布图，该处通过饼图来展现各年龄段人群的占比。

步骤 1：插入图表。选中 2020 年中国移动电商用户分布情况数据表，在"插入"选项卡下选择插入"饼图"，如图 3-40 所示。

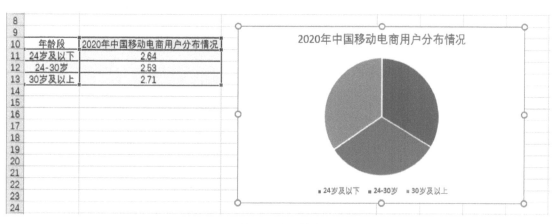

图 3-40　插入饼图

步骤 2：按需删减图表元素。修改饼图的标题为"2020 年中国移动电商用户年龄分布"，并删除图例。添加数据标签，单击数据标签，右击选择"设置数据标签格式"选项，在右侧的"标签选项"下，勾选"类别名称"和"百分比"，如图 3-41 所示。

图 3-41　删减图表元素

步骤 3：美化图表。选中饼图，在"设计"选项卡下，"更改颜色"设为"彩色调色盘3"，使饼图的整体配色变得更加活泼，如图 3-42 所示。

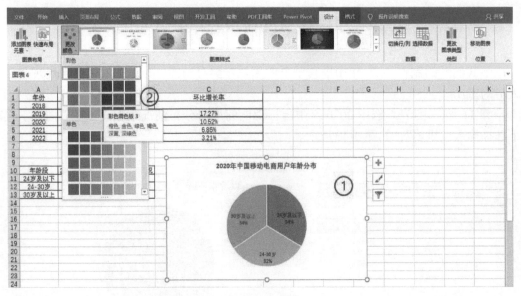

图 3-42　美化图表

此时，任务（2）中的饼图就做好了，如图 3-43 所示。

2020年中国移动电商用户年龄分布

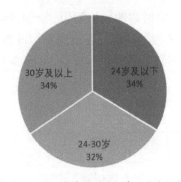

图 3-43　2020 年中国移动电商用户年龄分布

拓展训练

制作音符图

　　虽然在柱形图中可以添加各种 ICON 或者小图标，使得内置的柱形图看起来更加有趣，但在很多可视化业务场景中，它仍然需要融合一些其他类型的图表或元素辅助展示某些信息，帮助我们更好地理解数据。例如，2020 年某一周几个城市的降雨概率统计图，如图 3-44 所示。

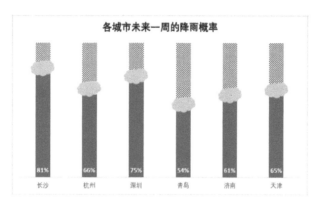

图 3-44　2020 年某一周几个城市的降雨概率统计图

这张图表中，有一个锚定柱形图高低点位置的图案。随着原始数据的变化，这些锚定的点会随着数据高低的变化而跳动，就像"跳跃着的音符"，因此这类图表也被称为"音符图"。我们打开此组图表的原始数据，如图 3-45 所示，可以对这类图表的结构进行剖析。

	A	B	C	D
1	城市	降雨概率	100%	降雨概率2
2	长沙	81%	100%	81%
3	杭州	66%	100%	66%
4	深圳	75%	100%	75%
5	青岛	54%	100%	54%
6	济南	61%	100%	61%
7	天津	65%	100%	65%

图 3-45　数据源

我们将数据与图表对应后可发现，图表中以"小棋盘"花纹为背景的柱子代表降雨概率的目标 100%；以蓝色实心的柱形图代表未来一周的实际降雨概率；在实际降雨概率的顶端有一个云朵的图标，显示未来一周降雨概率的高低。那么，如何实现此类图表的制作呢？具体操作步骤如下：

步骤 1：创建柱形图。选中数据源区域 A1:D7，在"插入"选项卡下，选择"簇状柱形图"。此时，Excel 中默认插入了一幅系统内置的图表，如图 3-46 所示。

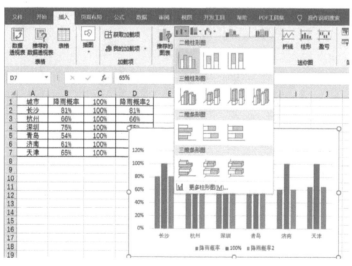

图 3-46　插入柱形图

步骤 2：更改图表类型。默认生成的柱形图中有 3 个系列，为了使其像案例开头的那种形态展现，我们需要分别修改各个序列的展现方式，即更改图表类型。选中图表，在"设计"选项卡下，选择"更改图表类型"，如图 3-47 所示。

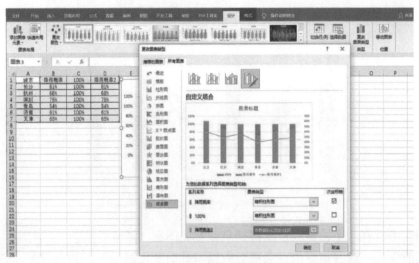

图 3-47 更改图表类型

在"更改图表类型"的对话框中，选择"组合图"，修改"降雨概率"系列的"图表类型"为"堆积柱形图"，并勾选"次坐标轴"选项；修改"100%"系列的"图表类型"为"堆积柱形图"；再修改"降雨概率 2"系列的"图表类型"为"带数据标记的折线图"；最后，单击"确定"按钮。

步骤 3：设置图案填充。选中"100%"系列，单击右键选择"设置数据系列格式"选项，在右侧的"填充与线条"选项卡下，选择填充效果为"图案填充"，并在图案填充的图案选项中选择"小棋盘"，设置颜色为"蓝色"，效果如图 3-48 所示。

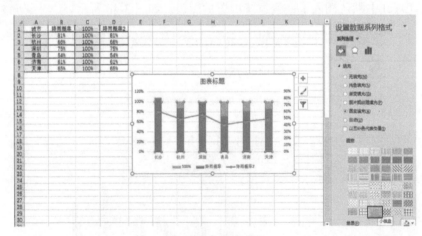

图 3-48 设置图案填充

步骤 4：美化折线图。我们可以从开头案例中看出，每个柱子中都有一个云朵的图案代表降雨概率的变化情况。而事实上，每朵云朵的高低就是对应"降雨概率 2"中数据点的大小。我们可以通过改变数据点的显示方式，使数据点通过云朵图案的样式展现数字大小。那么，此时需要先绘制一朵云朵。在"插入"选项卡下选择"形状"，再选择"云形"，如图 3-49 所示，然后在任意单元格区域绘制一朵云朵即可。当然，根据需要，我们还能设置云朵的样式，如修改其填充颜色和轮廓颜色为淡蓝色，或改变其大小。

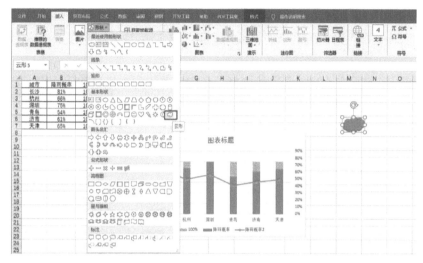

图 3-49　绘制云朵

调整好云朵的样式后，复制云朵（或按 Ctrl+C 组合键），选中图中"降雨概率 2"系列的折线，再按 Ctrl+V 组合键。此时，折线图中的数据点就都展现为云朵了，效果如图 3-50所示。

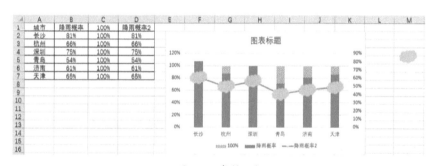

图 3-50　复制云朵

根据对最初案例图表的观察可发现，该图表中是没有折线的，因此，我们还需要将折线图中的折线进行隐藏。选中折线，单击右键选择"设置数据系列格式"选项，在"填充与线条"选项卡下选择"无线条"，如图 3-51 所示。此时，折线就被隐藏了。经过粗略观察，整个图表的雏形已初步展现。

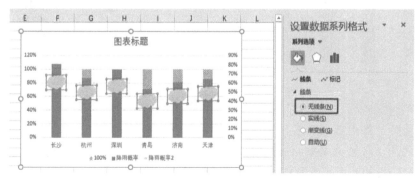

图 3-51　设置无线条

数据可视化

步骤 5：图表美化。根据当前的图表模型，我们还需对其进行一些细节上的调整，包括两个纵坐标刻度的调整、图例与网格线的删除、数据标签的添加以及图表标题的修改等操作。

首先，我们先来实现坐标轴刻度的调整。选中主要纵坐标轴，单击右键，选择"设置坐标轴格式"选项，在"坐标轴选项"选项卡下设置最大值为"1.0"，如图 3-52 所示，按回车键。此时就已经将主要纵坐标轴的最大值设置为 100% 了。同理，我们也可将次要纵坐标轴的最大刻度设置为 100%。

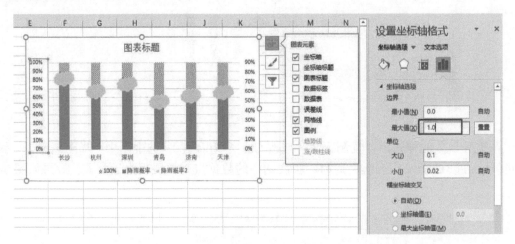

图 3-52　设置纵坐标轴最大值

其次，我们再选中图表，通过单击图表右上方的"+"字，取消勾选不需要展现的元素，包括主要纵坐标轴、次要纵坐标轴、网格线和图例。然后，选中"降雨概率"系列的柱子，在"+"字选项卡下，展开数据标签右侧的小三角，选择以"轴内侧"的方式显示该系列的数据标签，如图 3-53 所示。

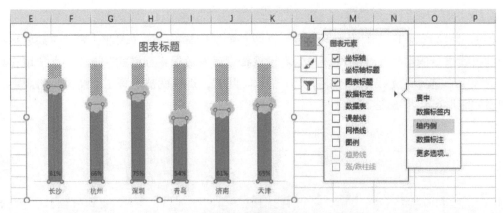

图 3-53　设置数据标签

最后，修改"降雨概率"系列的数据标签的字体颜色为白色，加粗。再双击图表标题，将图表标题改为"各城市未来一周的降雨概率"，适当调整标题字体大小，加粗。最终，我们完成了带标记点的柱形图的制作，如图 3-54 所示。

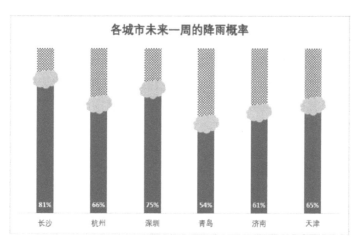

图 3-54　各城市未来一周的降雨概率统计图

 任务总结

　　图表标题应直接说明观点或者需要强调的重点信息。

　　避免生成毫无意义的图。在某些情境下，表格比图更能有效传递信息，避免生成无意义的图。

　　y 轴刻度应从 0 开始。若使用非 0 起点坐标，则必须要有充足的理由，并且要添加截断标记。

　　理解数据墨水笔最大化的内涵，并能区分数据元素和非数据元素。

課后习题

1. 单选题

（1）现计划将某款连衣裙及其竞品从材质、板型、颜色、流行元素、透气度 5 个维度进行比较，选用（　　）较为合适。

　　A. 柱形图　　　　　　　B. 散点图　　　　　　C. 雷达图　　　　　　D. 折线图

（2）树状图不可以利用（　　）特征来区分数据之间的权重关系。

　　A. 矩形的大小　　　　　B. 矩形的位置　　　　C. 矩形的颜色　　　　　D. 矩形的长

（3）漏斗图并不适用于（　　）的流程分析。

　　A. 比较规范　　　　　　B. 有顺序　　　　　　C. 周期长　　　　　　D. 环节少

（4）瀑布图是经营管理中比较常见的一种图表，也称阶梯图。它并不可以（　　）。

　　A. 反映某项数据经过一系列增减变化后最终成为另一项数据的过程

　　B. 展现过程中某项花费的减少过程

　　C. 找出过程中的主要影响因素

　　D. 解释数据的来源

（5）下列图表中可展示小颖每天收支情况的图表是（　　）。

　　A. 折线图　　　　　　　B. 甜甜圈图　　　　　C. 瀑布图　　　　　　D. 饼图

（6）下列属于图表中非数据元素的是（　　）。

A. 曲线　　　　　B. 填充色　　　　　C. 扇形　　　　　D. 坐标轴

（7）为了最大化图表的数据墨水笔，不可以从（　　）方面出发。

A. 去除所有不必要的非数据元素　　　B. 弱化和统一剩下的数据元素

C. 去除所有不需要的数据元素　　　　D. 强调重要的数据元素

（8）现计划用图表展现某店铺第四季度的销售额在全年销售额中的占比情况，适合选用（　　）。

A. 瀑布图　　　　　B. 折线图　　　　　C. 饼图　　　　　D. 雷达图

（9）图表制作的共性要求包括（　　）。

A. 图表信息要完整　　　　　　　B. 图表的主题应明确，在标题中清晰可见

C. 避免生成毫无意义的图　　　　D. y 轴刻度可从非 0 开始

（10）下列行为不符合数据分析人员职业道德的是（　　）。

A. 依法合规使用所需的各类数据

B. 私自泄露企业的任何非公开数据

C. 尊重事实，对可视化分析结果做到不扭曲、不误导

D. 保证可视化设计全过程的严谨性

2. 判断题

（1）树状图适用于展现一二层级的数据关系，旭日图适用于展现多层级的数据关系。（　　）

（2）空间利用率是指图表中空白区域所占总图表面积的比例。（　　）

（3）树状图是空间利用率最高的图。（　　）

（4）通过漏斗图查看业务活动的进度和成功率，也可以对业务流程进行分析，查找瓶颈。（　　）

（5）图表中的标题属于数据元素，曲线属于非数据元素。（　　）

（6）瀑布图既可以直观地展示数据量的演变过程，又可以详细地呈现数据变化的细节。（　　）

（7）图表标题应该直接说明观点或者需要强调的重点信息。（　　）

（8）柱形图的 y 轴刻度建议从 0 开始。若使用非 0 起点坐标，则必须要有充足的理由，并且要添加截断标记。（　　）

（9）柱形图中，比较分类项目时，若分类标签文字过长，导致重叠或倾斜，可改用条形图。（　　）

（10）数据墨水笔并不只是一个概念，要求考虑每个图表元素的使用目的和最佳呈现方式，即好的图表要尽可能将墨水用在数据元素上，而不是非数据元素上。（　　）

模块四

Excel商务智能BI看板

知识目标

※ 了解 Excel 中商务智能看板的概念；

※ 理解 Excel 中商务智能看板的基本构建原则；

※ 掌握 Excel 中商务智能看板的构建方法和流程；

※ 掌握 Excel 中商务智能看板美化的方法。

技能目标

※ 具备 Excel 中商务智能看板的基本认知；

※ 具备在 Excel 中制作专业数据看板的能力；

※ 具备数据可视化设计全过程的整体性意识。

思政目标

※ 培养数据可视化设计的全局性意识；

※ 具备数据分析从业人员缜密的思维和清晰的逻辑推理能力；

※ 具备可视化设计过程中勇于创新的开拓精神。

在掌握了基础图表制作和高级图表制作模块后，就可以思考如何将图表进行组合，并形成一个完整的数据看板，从而展现更全面的数据体系结构。本模块中，我们将带领大家来学习 Excel 中的商务智能看板。

任务一　认知商务智能 BI 看板

任务目标

掌握 Excel 中商务智能看板（BI 看板）的制作。

任务分析

（1）什么是商务智能看板？
（2）商务智能看板能解决什么样的问题？
（3）商务智能看板的基本构建原则有哪些？
（4）如何搭建一个专业的商务智能看板？

基础知识

认识商务智能看
板视频

一、商务智能看板的概念

BI（Business Intelligence）即商务智能，我们可以把商务智能看板称为 BI 看板。它是一套完整的解决方案，用来将企业中现有的数据进行有效整合，快速准确地提供报表并提出决策依据，帮助企业做出明智的业务经营决策。其应用范围包括销售分析、商品分析、人员分析、财务分析等领域。简而言之，BI 看板就是实时数据看板，是一个动态的、实时更新数据的看板。在日常工作中做的报表都是静态的，对数据不能实时追踪；而 BI 看板完全弥补了这个不足，管理者不仅可以实时查看各项数据，还可以选择不同的时间间隔对各项数据进行监控，以及时发现问题、解决问题。

在目前的信息化管理系统行业中，BI 看板也常常被称为"管理驾驶舱""商业智能图表""大数据地图"等，其会对管理者关注的核心数据进行可视化的呈现，提高商务决策效率。但是目前市面上的 BI 类系统动辄两三百万，并且要求企业已经搭建了一套完备的数据平台。除此之外，它还需要大量的技术人员为企业的不同个性化要求进行定制化的开发，很多企业往往并不具备这样高素质的开发团队，因此后期调整或拓展非常不灵活，且综合成本非常高。

对于日常办公人员来说，是否可以通过前面所学的内容，进一步提升商务看板制作能力，使一张张 Excel 图表焕发出更大的光彩呢？答案一定是肯定的，而这也是 Excel 可视化相关模块存在的意义所在：将 Excel 商务图表切实关联到企业的日常复杂工作中，帮助其实现从数据到图表、从图表到管理的演变。

二、BI 看板的基本构建原则

在创建 BI 看板前，我们首先要牢记 BI 看板的三大构建原则。
①数据链接原则：让数据能够实时刷新，反映真实业务情况，为揭示数据真相而服务。
②核心指标原则：让管理者一眼就能得到他最关心的 KPI 信息，而不是看到所有 KPI 的

数字信息。

③可视化呈现原则：为了更好地促进行动，使用正确的图表来表达数据的意义，在绘制图表时就植入自己分析、思考的结论，才能更加直观地反映一些问题和规律。

下面，我们将结合 Excel 商务图表实例化的企业场景，向大家介绍综合 BI 看板的可视化呈现和制作方法。

任务实施

搭建BI看板可视化设计基本框架

搭建 BI 看板可视化设计基本框架视频

在某互联网公司中有多名开发人员，他们针对产品出现的各类不同问题进行开发并完成 BUG 的修复。当 BUG 被修复后，公司会根据 BUG 类型的不同对相关人员发放奖金，项目奖金金额 =BUG 类型的单价 × 核定的标准工时。在过去的一年中，这样的 BUG 修复记录多达几千行，在年终时对于每个人的项目奖金情况要进行可视化的呈现：每位员工在各类型 BUG 修复中的完成情况和个人在团队中的占比情况，数据如图 4-1 所示。

ID	日期	BUG类型	开发人员	核定工时	是否完工
1	2017/1/1	D	毕研博	25	完成
2	2017/1/1	A	凌祯	54	完成
3	2017/1/1	C	张嘉	25	
4	2017/1/1	C	石三节	85	
5	2017/1/1	E	石三节	85	完成
6	2017/1/1	C	毕研博	98	完成
7	2017/1/1	D	袁姐	83	
8	2017/1/1	C	袁姐	80	
9	2017/1/1	A	袁姐	23	完成
10	2017/1/1	B	袁姐	35	完成
11	2017/1/2	A	杨明	80	

图 4-1　开发人员 BUG 修复记录数据

看到下面这一张效果图时，如图 4-2 所示，有没有感觉跟日常做的报表不一样？此报表的底色没有用 Excel 默认的白色背景，而是改成了深蓝色，这让整个看板充满了设计感与科技感。是的，这就是色彩的魅力！如果你的 BI 看板是放置在电子屏、会议室的大屏幕上进行展示的，就可以选择类似于这种"深色底纹、浅色字体"的配色方案。当然，这个配色方案可以根据公司的 LOGO 颜色或自己的喜好进行调整，或者参考一些市面上比较成功的配色方案。

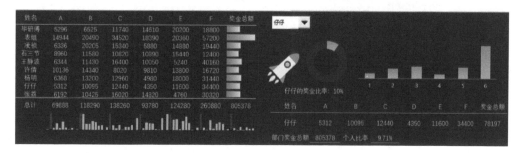

图 4-2　项目奖金情况动态 BI 看板

下面，我们来分析这张图表的整体结构，包括选项控件组合框、条形图、圆环图、柱形图、表格、小火箭图形等元素，并通过单击控件组合框可以查看到不同人员的图表数据，实现动态图表的效果。

那么，如何实现这种动态联动更新的效果呢？思路决定出路。每一个精美的图表背后都由三部分最基础的数据来支撑：数据源、参数和报表，而这也是可视化设计的基本框架。

数据源是汇总业务流水的台账，方便我们日后查看业务数据的增减变化。数据源可以是单个数据表，也可以是多表，是后续一切可视化设计的源泉。参数是一些业务之间共性存在的基本规则，是后续报表设计的数据源。不过很多参数会随着数据源中数据的更新而更新，因此，为了保证报表中的数据实现实时联动，我们总是基于数据源构建各类数据透视表，并将各类参数放入数据透视表中。报表则是用于呈现数据统计结果的各类表格、图表、动态图表等，可让我们的数据进行有效的可视化呈现。

在 Excel 可视化设计中，为了保证各部分数据的独立性，我们习惯将数据源、参数和报表单独存放在不同的工作表中，也同时保证数据读取的单向性。这也说明了，数据源表是参数的数据源，参数则是报表的数据源。

那么在本例中，搭建可视化设计基本框架的具体步骤如下。

一、整理数据源

我们将数据源设置为超级表，记录最原始的开发人员的奖金情况，如图 4-3 所示。

	A	B	C	D	E	F
1	ID	日期	BUG类型	开发人员	核定工时	是否完工
2	1	2017/1/1	D	毕研博	25	完成
3	2	2017/1/1	A	凌祯	54	完成
4	3	2017/1/1	C	张磊	25	
5	4	2017/1/1	C	石三节	85	
6	5	2017/1/1	E	石三节	85	完成
7	6	2017/1/1	C	毕研博	98	完成
8	7	2017/1/1	D	表姐	83	
9	8	2017/1/1	C	表姐	80	
10	9	2017/1/1	A	表姐	23	完成
11	10	2017/1/1	B	表姐	35	完成
12	11	2017/1/2	A	杨明	80	
13	12	2017/1/2	C	凌祯	37	完成
14	13	2017/1/2	B	许倩	61	完成
15	14	2017/1/2	E	杨明	44	完成
16	15	2017/1/2	F	毕研博	87	
17	16	2017/1/2	E	王静波	77	
18	17	2017/1/2	D	王静波	42	完成
19	18	2017/1/3	B	王静波	87	完成
20	19	2017/1/3	D	毕研博	97	完成
21	20	2017/1/3	A	仔仔	10	完成
22	21	2017/1/3	A	杨明	22	
23	22	2017/1/3	A	王静波	6	完成
24	23	2017/1/4	D	石三节	93	完成
25	24	2017/1/4	A	王静波	53	
26	25	2017/1/4	D	毕研博	91	完成
27	26	2017/1/4		仔仔	54	完成

数据源　⊕

图 4-3　整理数据源

当我们仔细阅读表格中的数据后可发现，针对每位开发人员，表格中并未计算出每次修改对应 BUG 记录的单次奖金（即核定奖金），以及该次修改的总奖金（核定奖金 × 核定工时）。这就需要我们分别对核定奖金和单次总奖金进行计算了。

①计算核定奖金。在 G1 单元格中输入新列名称为"核定奖金"，将其下的单元格 G2 设置为：

=IF(([@ 是否完工])=" 完成 "，VLOOKUP(([@BUG 类型]),$K$1:$L$7,2,0),0)

完成输入后，按回车键，并批量生成"核定奖金"列中的所有数据，如图 4-4 所示。这里要说明的是，K1:L7 区域数据为每类 BUG 类型所对应的小时单价，是公司根据各类 BUG 类型统一制定的标准，事实上也就是核定奖金。我们只需根据预定义好的标准，将其对应到"核定奖金"列中即可。

	A	B	C	D	E	F	G	H	I	J		K	L
	ID	日期	BUG类型	开发人员	核定工时	是否完工	核定奖金					BUG类型	小时单价
2	1	2017/1/1	D	毕研博	25	完成	30					A	8
3	2	2017/1/1	A	凌祯	54	完成	8					B	15
4	3	2017/1/1	C	张磊	25		0					C	20
5	4	2017/1/1	C	石三节	85		0					D	30
6	5	2017/1/1	E	石三节	85	完成	40					E	40
7	6	2017/1/1	C	毕研博	98	完成	20					F	80
8	7	2017/1/1	D	秦姐	83		0						
9	8	2017/1/1	C	秦姐	80		0						
10	9	2017/1/1	A	秦姐	23	完成	8						
11	10	2017/1/1	B	秦姐	35	完成	15						
12	11	2017/1/2	A	杨明	80		0						

图 4-4　计算核定奖金

②计算单次总奖金。在 H1 单元格中输入新列名称为"奖金"，将其下单元格 H2 设置为：
=IF(([@ 是否完工])=" 完成 "，VLOOKUP(([@BUG 类型]),$K$1:$L$7,2,0)*([@ 核定工时]),0)

完成输入后，按回车键，并批量生成奖金列中的所有数据，如图 4-5 所示。

	A	B	C	D	E	F	G	H	I	J		K	L
	ID	日期	BUG类型	开发人员	核定工时	是否完工	核定奖金	奖金				BUG类型	小时单价
2	1	2017/1/1	D	毕研博	25	完成	30	750				A	8
3	2	2017/1/1	A	凌祯	54	完成	8	432				B	15
4	3	2017/1/1	C	张磊	25		0	0				C	20
5	4	2017/1/1	C	石三节	85		0	0				D	30
6	5	2017/1/1	E	石三节	85	完成	40	3400				E	40
7	6	2017/1/1	C	毕研博	98	完成	20	1960				F	80
8	7	2017/1/1	D	秦姐	83		0	0					
9	8	2017/1/1	C	秦姐	80		0	0					
10	9	2017/1/1	A	秦姐	23	完成	8	184					
11	10	2017/1/1	B	秦姐	35	完成	15	525					
12	11	2017/1/2	A	杨明	80		0	0					

图 4-5　计算单次总奖金

二、制作数据透视表

1. 创建数据透视表

选中数据源中的整个表格，单击"插入"选项卡下的"数据透视表"，在弹出的对话框中默认选择"新工作表",如图 4-6 所示,最后单击"确定"按钮。此时,在新的工作表中,就可以以超级表为数据源区域,重构新的数据表。

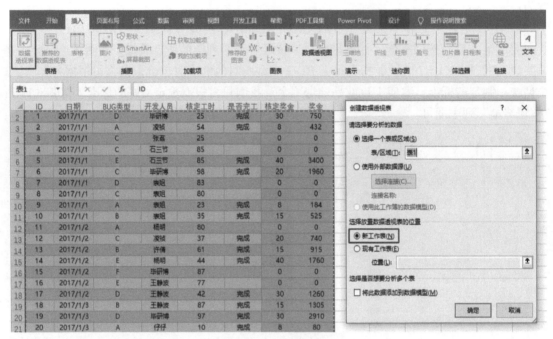

图 4-6　插入数据透视表

2. 构建数据透视表

在生成的数据透视表工作表中,将"开发人员"拖入"行"区域中,将"BUG 类型"拖入"列"区域中,将"奖金"拖入"值"区域中。设置完成后,表格区域可实时展现各个开发人员已完工的项目奖金统计表,如图 4-7 所示。

图 4-7　构建数据透视表

三、制作图表看板

新建一张工作表，重命名为"BI 看板"。后续的可视化设计都将在此工作表中展开。此时，本例中的可视化设计基本框架就搭建完成了。

 拓展训练

制作项目奖金情况动态BI看板

基于前期可视化设计框架的搭建，我们将继续实现项目奖金情况动态 BI 看板的制作。

一、制作 BI 看板

1. 制作背景板

在上一任务中创建的名为"BI 看板"的工作表中，选中行列标签交叉位置处的小三角，即快速选中整张表格。然后，在工作表区域任意单击右键，选择"设置单元格格式"选项，在"填充"选项卡下选择深蓝色的背景颜色，如图 4-8 所示，单击"确定"按钮。

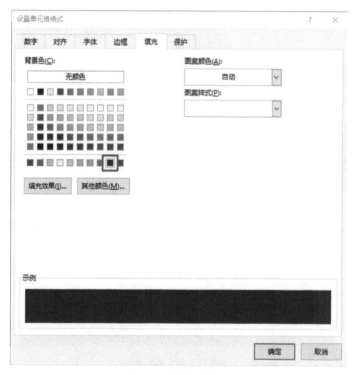

图 4-8 设置背景颜色

2. 制作绘图数据源

①构建行标签与列标签。在第 1 行和第 1 列内输入表头和姓名，并设置文字的字体、字号、颜色等，其中字体颜色为淡蓝色，如图 4-9 所示。

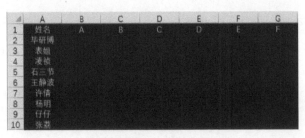

图 4-9　构建行标签与列标签

②填充数据源。将相应的数据从数据透视表中运用 VLOOKUP 函数进行匹配。在 B2 单元格中输入公式：

=VLOOKUP($A2, 数据透视表 !$A:$H,COLUMN(B1),0)

如图 4-10 所示，此时 B2 单元格中的数据就从数据透视表中匹配过来了。

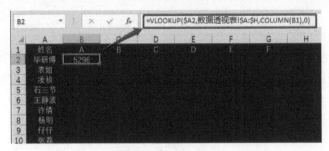

图 4-10　填充 B2 单元格

说明：COLUMN 是一个辅助函数，即 COLUMN(reference)，其中 reference 为需要得到其列标的单元格或单元格区域。这里我们使用到的 COLUMN(B1) 是指引用第 2 列，即计算的结果 2 会取代 VLOOKUP 函数的第三个参数匹配结果的位置。这样方便我们在向右拖曳快速复制公式时，VLOOKUP 函数引用的列号能够随着列的变化而变化。

此时，选中需要填充的 B2:G10 单元格区域，在 B2 编辑栏的公式处，按住 Ctrl+Enter 组合键，批量生成该区域中的所有数据。其填充效果如图 4-11 所示。

图 4-11　批量填充表格

当然，根据各行各列的数据，通常还需计算每行每列的合计金额。一键快速计算合计金额的方法如下：选中 A1:H11 区域，按住 Alt+= 组合键，实现快速批量求和。此时，已经完成了最右侧"奖金总额"列的结果计算和最下面的"总计"行的计算，如图 4-12 所示。在 A11 单元格中输入"总计"，H1 单元格中输入"奖金总额"。

图 4-12　批量汇总计算

③美化数据源表格。添加第一行（表头）数据的下边框和最后一行（总计）数据的上边框。选中第一行数据，右击选择"设置单元格格式"选项，在打开的"设置单元格格式"对话框中选择"边框"，设置直线样式为实线，边框位置为下边框，单击"确定"按钮。同理，可设置最后一行的上边框。设置完成后，效果如图 4-13 所示。

图 4-13　美化表格

3. 制作微图表：迷你图与条件格式

①插入迷你图。选中 B12 单元格，在"插入"选项卡下的"迷你图"功能组中选择"柱形迷你图"，如图 4-14 所示。

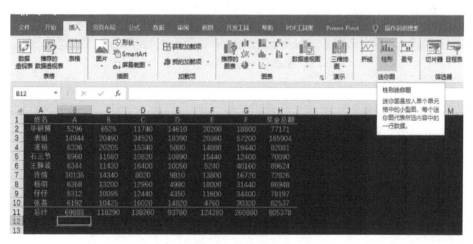

图 4-14　添加迷你图

②设置迷你图的范围。在弹出的"编辑迷你图"对话框中，"数据范围"选择 B2:B10 单元格区域，单击"确定"按钮，如图 4-15 所示。此时，在 B12 单元格中就生成了一个迷你柱形图，并且它是能够随着行列的大小变化而变化的。

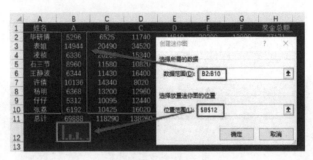

图 4-15　编辑迷你图

生成第一个迷你柱形图后，选中 B12 单元格右下角的十字句柄"+"，向后拖动到 H12 单元格内，使每一列数据都能生成相应的迷你柱形图。

③美化迷你图。选中所有迷你柱形图所在的单元格区域，进入"设计"选项卡下，将"迷你图颜色"设置为"橙色"，如图 4-16 所示。再在"显示"功能区中勾选"高点"，由此突出迷你图中的最高点。当然，也可以对最高点的柱子的颜色进行重新设置，只需选择"标记颜色"中的下拉选项，展开"高点"选项，再设置其对应的颜色即可，如图 4-17 所示。

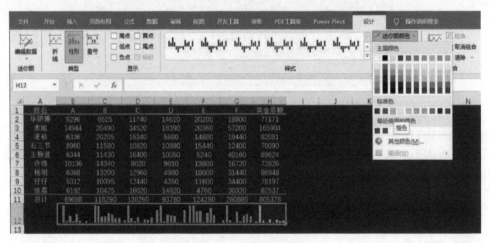

图 4-16　设置迷你图颜色

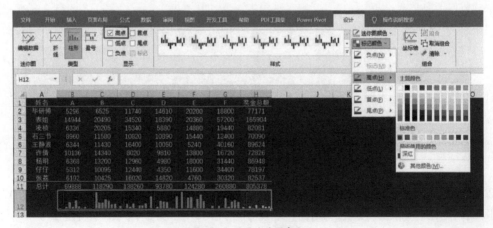

图 4-17　设置迷你图高点

④设置条件格式。条件格式是另一种单元格内的微图表。在"奖金总额"处设置数据条效果。选中 H2:H10 单元格区域，单击"开始"选项卡，之后单击"条件格式"→"数据条"→"浅蓝色数据条"，如图 4-18 所示。此时，单元格中就生成了类似于条形图效果般的数据条了。如果你动手更改数据源表中的内容，数据条的条件格式和迷你图都会随着单元格数值的变化而变化。

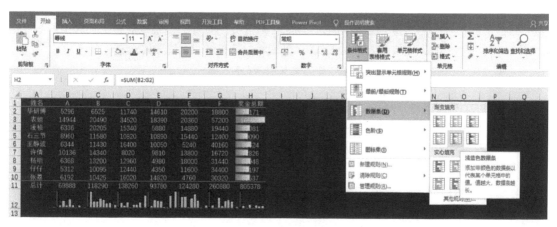

图 4-18　添加条件格式

⑤美化条件格式。若在数据呈现时无须显示数据条上的数字，而只显示数据条的话，只需在"开始"选项卡下单击"条件格式"下的"管理规则"，找到对应的条件格式规则后，单击"编辑规则"，在弹出的"编辑格式规则"对话框中勾选"仅显示数据条"复选框，如图 4-19 所示，最后单击"确定"按钮。当前生成的绘图数据源表格就已经完成了，如图 4-20 所示。

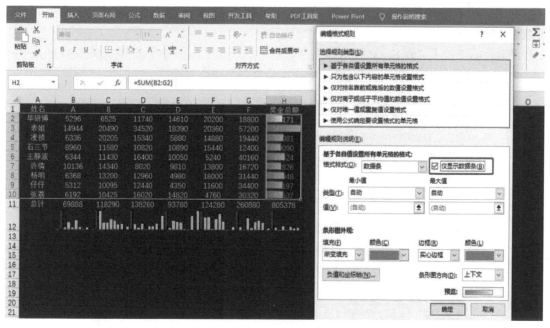

图 4-19　设置"仅显示数据条"

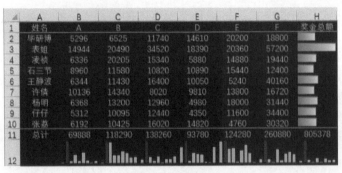

图 4-20　数据源表格

4.制作控件并关联数据源

观察目标看板可发现，看板最上方有一个组合框的控件，用户筛选不同的员工时，看板右侧的圆环图、条形图及右下方的统计表都会进行更新，从而实现看板与用户的交互，如图 4-21 所示。

图 4-21　BI 看板分析

那么，如何实现此类交互呢？可以发现，添加组合框控件是关键，通过它才能实现与绘图数据源的交互。

此时，需要插入"姓名"的组合框控件。单击"开发工具"选项卡，之后单击"插入"→"组合框（窗体控件）"，在表格的空白区域拖曳绘制一个组合框控件，如图 4-22 所示。

图 4-22　添加控件

　　绘制完成后，选择控件，单击鼠标右键，选择"设置控件格式"选项。在弹出的"设置对象格式"对话框中设置"数据源区域"，选择 A2:A10 单元格区域；设置"单元格链接"，选择 J10 单元格。设置完成后，单击"确定"按钮，如图 4-23 所示。

图 4-23　设置控件样式

　　设置完成后，单击组合框控件，选择不同的姓名，J10 单元格中就会显示对应姓名在 A2:A10 单元格区域中的排序位置了。例如，我们选择"仔仔"，则 J10 单元格中就显示为"8"。在 J12 单元格中输入公式"=INDEX(A2:A10,J10)"，INDEX 函数的功能是返回在第一个参数指定区域内，第二个参数指定位置的单元格的内容。因此，在本例中，我们返回 A2:A10 范围内返回 J10 单元格的值所在的位数的姓名。如 J10 单元格显示 8，则经 INDEX 函数计算后，返回的结果为"仔仔"，如图 4-24 所示。

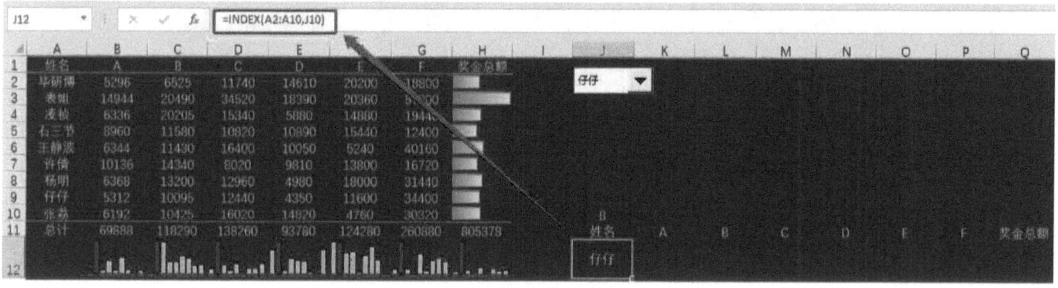

图 4-24　实现数据联动

　　事实上，通过组合控件、J10 单元格及 J12 单元格之间的运算，实现了在不同的数据容器之间的数据传递。此时，我们统一在 J11:Q11 区域单元格中分别输入文本："姓名""A""B""C""D""E""F""奖金总额"，并在该区域的单元格下设置下边框。

　　当 J12 单元格获取到姓名后，还需获取其对应不同类型 BUG 的奖金金额和总金额，并分别填入 E12:Q12 单元格区域中。根据获取到的姓名，在 K12 单元格中输入公式：
=VLOOKUP($J$12, $A$2:$H$10,COLUMN(B2),0)

然后，拖动至 Q12 单元格填充公式，如图 4-25 所示。

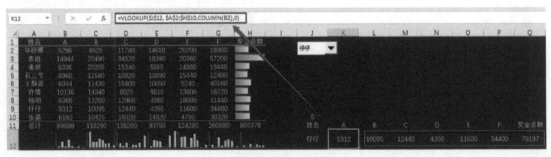

图 4-25　读取员工奖金信息

5. 制作动态柱形图

在目标看板中，根据 K12:P12 区域的数据，需要生成一个只基于该员工各类 BUG 类型奖金金额的柱形图，它会随着该数据区间数据的变化而变化。也就是说，组合框控件中所选择的姓名发生变化，J12:Q12 区域中的数据也会发生变化，而柱形图所引用的数据也会做出相应修改。

选中 K12:P12，单击"插入"选项卡，在"图表"功能区选择"二维柱形图"，插入"簇状柱形图"。此时 Excel 将自动插入一张默认的柱形图。删除图表标题、网格线，设置图表的颜色为无填充，图表无边框，字体为微软雅黑，字体颜色为灰白色。

选择图表区域中的纵坐标轴，单击鼠标右键，选择"设置坐标轴格式"选项，在右侧的窗格中，将"坐标轴选项"的最小值调整为 0，最大值调整为 55000。这样是为了避免选择不同人员姓名时出现非统一标准的柱形图，对用户造成视觉上的误解，如图 4-26 所示。设置好后，取消显示"纵主坐标轴"。

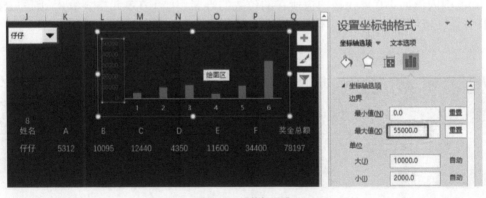

图 4-26　调整柱形图

当然，插入图表后，还需对柱形图进一步做一些美化。首先，设置柱形图的渐变填充效果，选中图中柱子，在右侧"设置数据点格式"窗格的"填充与线条"选项卡中将填充模式更改为"渐变填充"，线性方向设置为自上而下，颜色设置为亮蓝色到深蓝色，如图 4-27 所示。再次选中蓝色的柱子，在右侧"设置数据系列格式"窗格的"系列选项"中将"间隙宽度"调小一些，比如调整为 130%，使柱形图变得更宽一些，如图 4-28 所示。选中图表区域周围的边界点，将图表调整到合适的大小和位置区域，即完成柱形图的绘制。

图 4-27 设置填充颜色

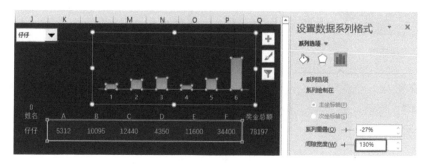

图 4-28 设置"间隙宽度"

6. 制作动态圆环图

在 J13 单元格中输入文字"部门奖金总额"。在 K13 单元格内输入公式"=SUM(H2:H10)",就是对数据源表格的"奖金总额"列的所有数据进行汇总求和,如图 4-29 所示。

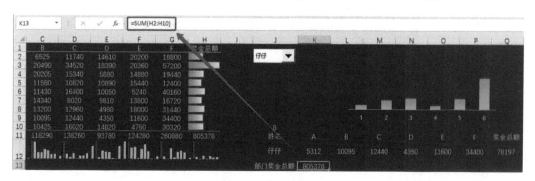

图 4-29 计算部门奖金总额

在 L13 单元格内输入文字"个人比率"。在 M13 单元格内输入公式"=Q12/K13",指的是每位员工的奖金总额占部门奖金总额的比例。再在 N13 单元格内输入公式"=1-M13",构建出圆环图的数据源，如图 4-30 所示。

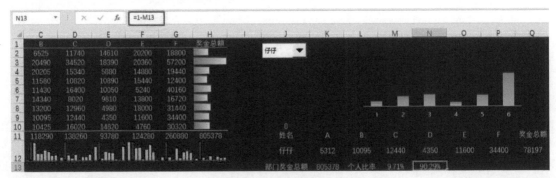

图 4-30　构建圆环图数据源

选择 M13:N13 单元格区域，插入圆环图。删除图表标题、图例，选中整张图表，将"形状填充"设置为无颜色，"形状轮廓"设置为"无边框"。选中环形，将"形状轮廓"边框设置为"无边框"，如图 4-31 所示。

图 4-31　调整圆环图

设置圆环图的配色方案。仅选中蓝色部分的圆环，在"设置数据点格式"窗格中将颜色设置为"渐变填充"。然后，仅选中橙色部分的圆环，调整其填充颜色为色板中已有的亮蓝色并将透明度设置为 85%，从而使图表呈现出一种有数据为亮蓝色，无数据为半透明的效果。当然，我们还可以将圆环设置得粗一些，将"圆环图圆环大小"设置为 62%，如图 4-32 所示。完成后，调整圆环图的大小和位置，使其放置在看板中合适的位置，如图 4-33 所示。

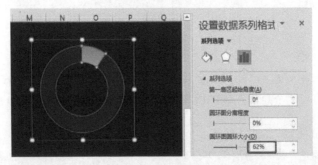

图 4-32　设置圆环内径大小

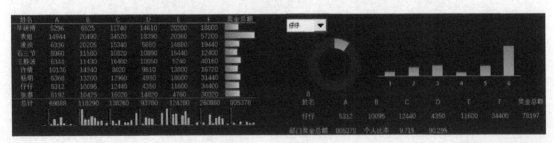

图 4-33　调整后的看板

二、完善看板

1. 制作动态标签

在 O13 单元格中输入公式：

=J12&" 的奖金比率："&ROUND(M13,2)*100&"%"

这个公式的作用是将下一步文本框中需要显示的内容先固化在一个单元格中，使其成为文本框显示的来源，如图 4-34 所示。

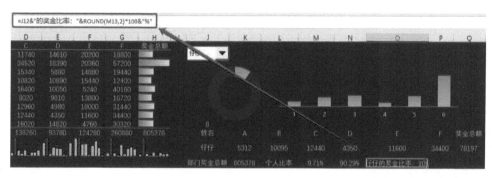

图 4-34　编辑文本框显示的来源

然后，绘制一个文本框，并在编辑框里输入 "=$O$13"。这时文本框中就出现了相应的数据，如图 4-35 所示。

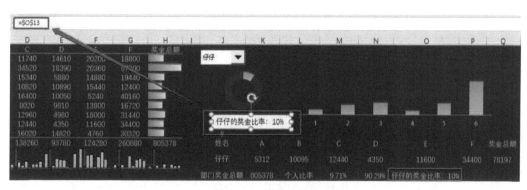

图 4-35　制作文本框

更改文本框的背景颜色为无颜色，边框颜色设置为无颜色，并修改其字体、字号及颜色。将 J10、N13 和 O13 单元格中辅助数据的字体设置为与看板底色一样的深蓝色，即起到类似于隐藏的效果，使得整个看板的版面更加整洁，如图 4-36 所示。

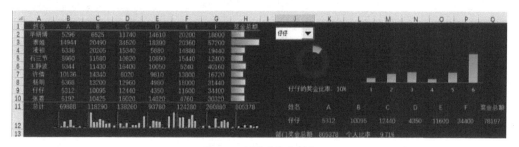

图 4-36　调整文本框样式

2. 添加点缀图片

插入 LOGO，我们以一个小火箭图标为例。在"插入"选项卡下的"插图"功能区中选择"图片"，再选择"此设备"。在"插入图片"对话框中，选择示例图片，如图 4-37 所示。选择完成后，单击"插入"按钮。

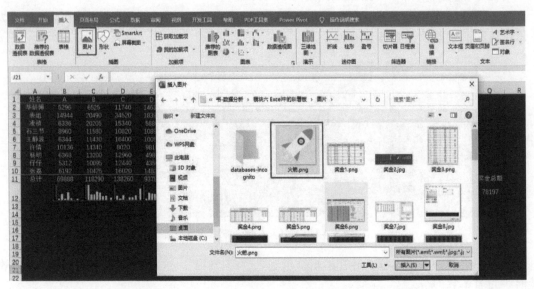

图 4-37　插入 LOGO

插入图标后，调整其大小，并将其放到合适位置即可。此时整个展板已基本完成。不过结合整个展板的数据呈现，根据需要还可以再做微调，如边框效果、字体颜色、数据行列宽度等。完成后的看板如图 4-38 所示。

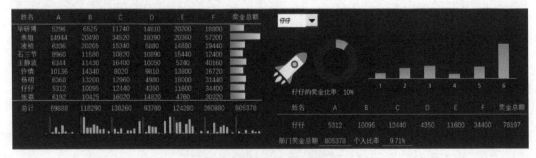

图 4-38　项目奖金情况动态 BI 看板

初见这张看板时，会感觉其中的元素很多。但只要做过一次，就会知道制作过程其实并没有想象中那么难。同理，本例中的商务图表的制作思路还可用在业务工作中其他数据的有效呈现上。

三、看板的衍生

当前，我们设计完成的看板展示了各员工奖金的统计信息。但事实上，基于同一个数据透视表及同一个看板模型，我们还可以对其他维度的数据进行展示。

例如，更改数据透视表中的"值"为"求和项：核定工时"后，如图 4-39 所示。

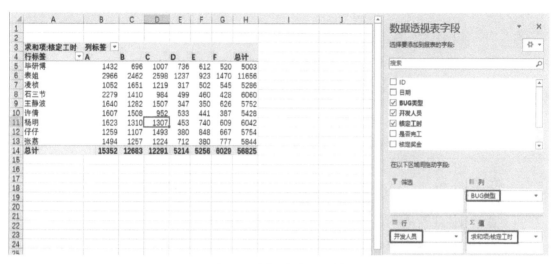

图 4-39　重构数据透视工作表

回到展板页面可发现，所有图表的调整也随之更新，如图 4-40 所示。这就是使用数据透视表作为图表数据源的好处，当有任何数据变化时，与之关联的数据表和图表都会同步更新。

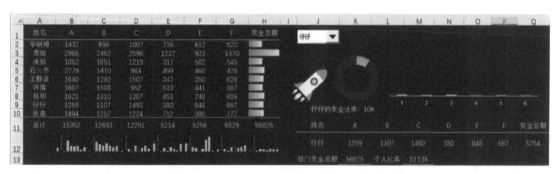

图 4-40　项目核定奖金情况动态 BI 看板

当然，我们发现柱形图的数据显示异常，但这并不是大问题。这是由"核定工时"和"奖金"两个指标的量级有所不同导致的。此时，我们只需要重新设置柱形图纵坐标轴的范围区间，即在"设置坐标轴格式"窗格中将纵坐标轴的最大值调整为 2500，则柱形图又呈现出之前设置好的样子了，如图 4-41 所示。

图 4-41　调整 BI 看板

任务二　制作设备运维 BI 看板

任务目标

掌握 Excel 中真实业务场景中 BI 看板的制作。

任务分析

（1）基于具体业务背景，分析制作该 BI 看板的目的是什么？

（2）该 BI 看板能解决什么样的问题？

（3）如何搭建基于某业务场景的可视化分析体系？

（4）如何实现该 BI 看板的制作？

基础知识

某公司设备运维情况看板

案例背景：某公司设备运维情况视频

根据某公司设备运维情况数据，结合公司的可视化需求，需要制作一个设备运维情况看板。根据公司提供的运维数据，我们有两张数据表格，如图 4-42 和图 4-43 所示。一张是数据库中存储所有运维信息的业务表，存储了各项设备型号其维修的时间、人员、所用时长、所需费用等信息。另一张数据表存储的是设备清单，包含了各设备的序号、名称、数量等信息。

图 4-42　业务表

编号	设备类别	序号	设备名称	型号	加工范围	数量
1	车床（数控车床）	1.01	双柱立式车床	C5225	Φ2500*2200 10T	4
1	车床（数控车床）	1.02	立车	C5216A	Φ1600	6
1	车床（数控车床）	1.03	重型卧式车床	CW61125L×6M	Φ1250/880*6000 7.5T	2
1	车床（数控车床）	1.04	重型卧式车床	CW61125B×1.5M	Φ1250/880*1500 3T	2
1	车床（数控车床）	1.05	数控车床	CW61125L×3	Φ1250*3000 3T	2
1	车床（数控车床）	1.06	普通车床	CW61100B×8M	Φ1100*8000	2
1	车床（数控车床）	1.07	普通车床	CW61125B×3M	Φ1125*3000	4
1	车床（数控车床）	1.08	普通车床	CW61100B×1.5M	Φ1100*1500	8
1	车床（数控车床）	1.09	普通车床	CN6180×1.5M~4M	Φ800/400*1500~4000	36
1	车床（数控车床）	1.10	数控车床	CA6180	Φ800/400*1500	12
1	车床（数控车床）	1.11	数控车床	HK80-3	Φ800/480*1000	2
1	车床（数控车床）	1.12	普通车床	CW6163×1.5M~3.5M	Φ360/630*1500~3500	30
1	车床（数控车床）	1.13	数控车床	HK63-4	Φ360/630*1000	2
1	车床（数控车床）	1.14	普通车床	CD6140-20	Φ400*1500	36
	车床（数控车床）　汇总					148
2	加工中心	2.01	数控卧式加工中心	HTM-80H	Φ1270*1020*920	2
2	加工中心	2.02	数控龙门立式加工	HTM-2028×40G	Φ4200*2800*1000	2
2	加工中心	2.03	数控龙门加工中心	GU6	Φ1500*850*700	2
2	加工中心	2.04	数控龙门加工中心	HTM-1000G	Φ1500*1000*850	2
2	加工中心	2.05	数控立式加工中心	VCM1000L	Φ1000*600*600	2
2	加工中心	2.06	数控立式加工中心	X1060	Φ1060*800*600	6
2	加工中心	2.07	数控立式加工中心	X800	Φ800*600*500	6
	加工中心 汇总					22

图 4-43　设备清单表

面对这些数据，很多人会觉得无从下手。因此在设计 BI 看板时，建议大家平时多关注一些大公司的数据看板或者数据报告。看到好的设计素材就保存起来，这样在自己设计看板或制作图表时就能得到有益的启发。平时在我们的生活场景中，一些数据展示、一些广告设计的配色等，也可以为自己的设计带来灵感。这里设计的看板灵感来源于某大公司的商务数据，如图 4-44 所示。在后续的学习中，我们可以以此为目标样式进行制作。当然，大家也可以进行适当修改，添加或删除一些元素。

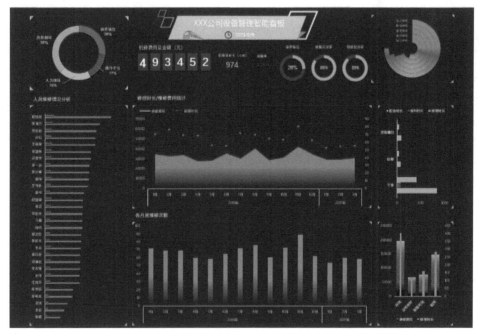

图 4-44　设备运维情况 BI 看板

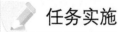任务实施

某公司设备运维情况

基于以上的目标 BI 看板，我们首先要分析实现以上看板具体运用了哪些图表，包括折线图和面积图的组合、两个柱形图（不同的对比方式）、条形图、圆环图等。其实看似复杂的 BI 看板，也离不开数据源的有效支持。下面结合前面的看板制作逻辑，我们来看看如何从零开始制作这样一份商务图表吧。

我们将目标看板进行区域划分，分成以下几个区域，如图 4-45 所示，包括：①页眉区域；②度量区域；③圆环图区域；④面积图区域；⑤各年各月维修次数柱形图；⑥维修情况条形图；⑦清扫结果条形图；⑧维修结果柱形图。在看板设计时，可以逐个区域进行制作。本环节中，我们将完成指标区域，即页眉区域、度量区域和圆环图区域的制作。

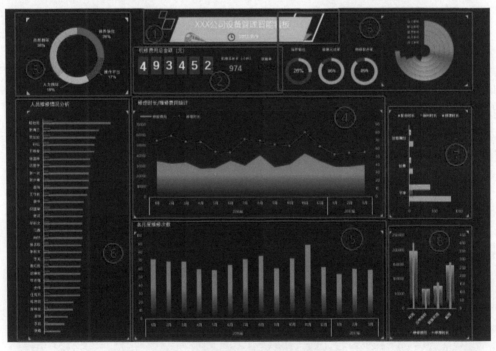

图 4-45　划分设备运维情况 BI 看板区域

一、制作页眉

1. 设置看板背景颜色

新建名为"BI 看板"的工作表，单击 A1 单元格左上角的小三角，从而选中整个表格区域，修改工作表背景颜色为"深蓝色"，如图 4-46 所示，字体设置为加粗、微软雅黑，字号为 10，且居中显示。注意：建议大家在制作看板时，中文采用微软雅黑字体，英文采用 Arial 字体。

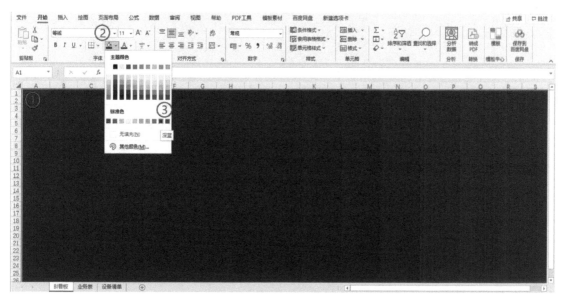

图 4-46　设置看板背景颜色

2. 制作看板主标题

可以利用设计师网站搜索适宜的页眉元素，如本书使用的"觅元素"网站。本例中采用了带有科技感的页眉元素，如图 4-47 所示，并将该页眉元素插入 Excel 看板的工作表中。

图 4-47　页眉元素

再插入一个横向文本框，并编辑文字"XXX 公司设备管理智能看板"，设置文本框为"无颜色""无边框"，并将字体设置为微软雅黑，字号为 18 号，颜色为白色，对齐方式为居中，如图 4-48 所示。最后，适当调整页眉图片与页眉文本框的位置。

图 4-48　编辑文本框

3. 创建绘图数据源表

创建一个用于存放各类参数的名为"绘图数据"的工作表，用于放置整体绘图数据。

在 A1 单元格中输入"今天日期"，在 B1 单元格中输入公式"=TODAY()"，即可显示当前日期，如图 4-49 所示。

图 4-49 获取当前日期

在 BI 看板的页眉区域中心位置绘制一个文本框，在编辑栏中输入"="，再单击计算好的日期公式单元格，即"绘图数据 !B1"。此时，文本框自动显示系统当前的日期。修改文本框的格式：更改字体颜色为"白色"，设置字体为"微软雅黑"、字号为 8 号，如图 4-50所示。

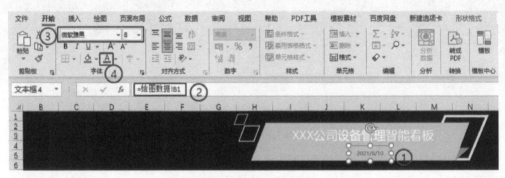

图 4-50 页眉中插入日期

4. 插入页眉图标

在觅元素网站上下载时钟样式的 ICON，将其插入 Excel 看板的 BI 看板工作表页眉中，并调整到合适的位置，如图 4-51所示。

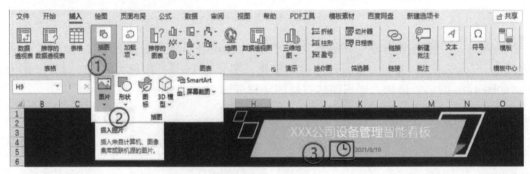

图 4-51 插入页眉图标

同理，也可插入公司的 LOGO，然后调整图片的大小并拖曳到标题中合适的位置区域，如图 4-52 所示，即可完成 BI 看板页眉的制作。

图 4-52 插入公司 LOGO

二、制作度量区域

1. 制作标题文本框

在 BI 看板工作表中，插入文本框，输入文字"机修费用总金额（元）"，设置本文框为"无颜色""无边框"，字体颜色为"白色"，如图 4-53 所示。

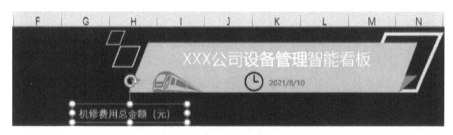

图 4-53　添加"机修费用总金额"标签

然后，到绘图数据工作表中计算机修费用总金额。在 D1 单元格中输入"机修费用总额"，在 E1 单元格中输入公式"=SUM(业务表 !H:H)"，即可计算出业务数据源表中所有的机修费用总额，如图 4-54 所示。

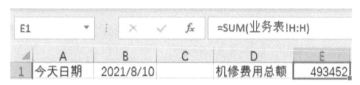

图 4-54　计算机修费用总额

为了实现机修费用总金额中每个数字显示一个个独立文本框的数值，我们需要将总额拆分为一个个数字。在 B3:J3 单元格区域中输入 1 到 9 的数字，在 B4 单元格中输入公式"=MID($E$1,B3,1)"，复制填充公式并拖放到 J4 单元格，如图 4-55 所示。对于某一业务的具体数值大小，可以根据每家公司的情况进行调整。比如，在一家公司的人力资源看板中，其人工成本只是万元级，则只需"MID"出 1~5 位数字即可。

B4	▼	:	×	✓	fx	=MID($E$1,B3,1)			
▲	A	B	C	D	E	F	G	H	I	J
1	今天日期	2021/8/10		机修费用总额	493452					
2	将总额拆分为一个个数字:									
3		1	2	3	4	5	6	7	8	9
4		4	9	3	4	5	2			

图 4-55　拆分"机修费用总额"数值

B4:G4 单元格中所生成的绘图数据源，就可作为看板的"机修费用总金额（元）"中一个个独立数字显示图表的数据源。

2. 设置数字文本框

绘制一个独立的文本框，用于放置"机修费用总金额（元）"中的第一位数字。插入本文框，并在编辑栏中输入"="，再单击前面计算好的将总额拆分为一个个数字的 B4 单元格（也就是"= 绘图数据 !B4"）。此时 Excel 自动将单元格中的值关联到该本文框中，显示为数字"4"，如图 4-56 所示。然后，修改文本框的颜色为"蓝色"，透明度为 80%，无边框；文字部分设置字体为"Arial"，字号为 28 号，白色加粗字体。

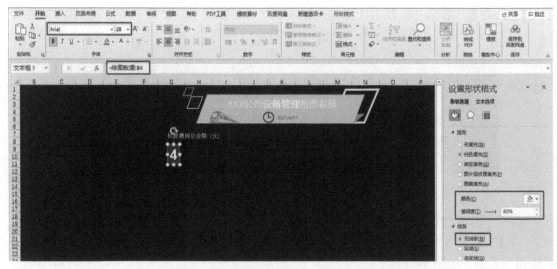

图 4-56　美化数字文本框

快速复制文本框：选中刚刚设置好的文本框后，按住 Ctrl+Shift 组合键，配合鼠标向右拖曳复制出 5 个一样的文本框，如图 4-57 所示。

图 4-57　复制数字文本框

选中第二个文本框，在编辑栏中输入"= 绘图数据 ! C4"，按回车键，数字 9 就显示出来了。

选中第三个文本框，在编辑栏中输入"= 绘图数据 ! D4"，按回车键，数字 3 就显示出来了。

选中第四个文本框，在编辑栏中输入"= 绘图数据 ! E4"，按回车键，数字 4 就显示出来了。

选中第五个文本框，在编辑栏中输入"= 绘图数据 ! F4"，按回车键，数字 5 就显示出来了。

选中第六个文本框，在编辑栏中输入"= 绘图数据 ! G4"，按回车键，数字 2 就显示出来了。

数据源表中汇总的结果：机修费用总额"493452"，已经在一个个独立的文本框中显示出来了，如图 4-58 所示。

图 4-58　数字文本框

　　再按照次序修改第二个到第六个文本框的样式，使其与第一个文本框格式相同。选中第一个已设置好格式的数字"4"文本框，双击"开始"选项卡下的"格式刷"按钮，实现格式刷的连续使用。然后，依次在 9、3、4、5、2 的文本框上单击，完成这些数字文本框的格式快速应用，结果如图 4-59 所示。

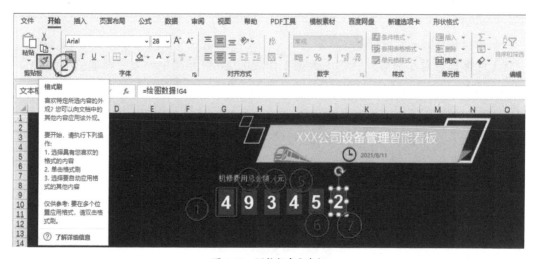

图 4-59　调整数字文本框

　　接着，调整文本框的对齐与组合格式。按住 Ctrl 键，依次单击所有的数字显示文本框，然后单击"形状格式"选项卡中的"对齐"，依次选择"顶端对齐"和"横向分布"，如图 4-60 所示。

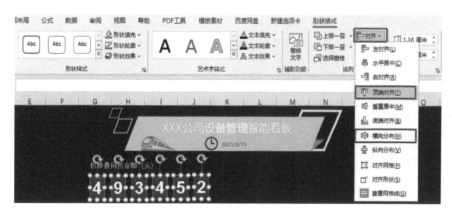

图 4-60　美化数字文本框

设置完毕后，单击鼠标右键，选择"组合"选项，将所有的文本框组合在一起，即可完成数字文本框区域的设置，如图 4-61 所示。

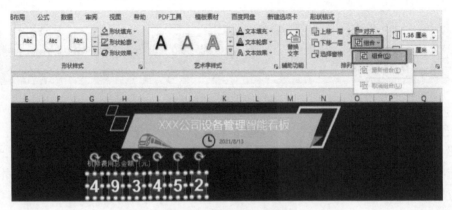

图 4-61　组合数字文本框

3. 制作机修总时长数据标签

　　首先计算机修总小时数。在绘图数据工作表的 A6 单元格中输入"修理总小时数"，在 B6 单元格中输入公式"=ROUND(SUM(业务表 !J:J),0)"，如图 4-62 所示。

图 4-62　计算机修总小时数

　　在看板表格里，将前面设置好的"机修费用总金额（元）"文本框复制一份，更改字号为 8，字体颜色为白色，再将"机修费用总金额（元）"改成文字"机修总时长（小时）"，如图 4-63 所示。

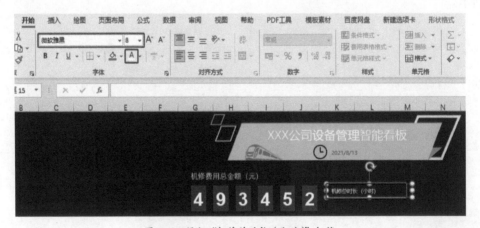

图 4-63　添加"机修总时长（小时）"标签

　　将设置好的"机修总时长（小时）"文本框复制一份，去掉里面的文字，在编辑栏中输入"＝"，再单击前面计算好的机修总时长：B6 单元格（公式"＝绘图数据！B6"），数字"974"就显示出来了。再设置其字体为 Arial，字号为 18，字体颜色为"蓝色"，调整位置，如图 4-64 所示。

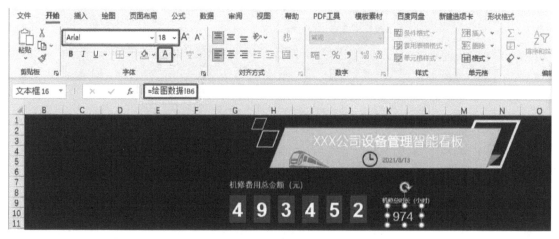

图 4-64　调整"机修总时长（小时）"标签

4. 制作故障率数据标签

　　在绘图数据工作表的 A8 单元格中输入"故障率"，在 B8 单元格中输入公式"=SUM(业务表 !J:J)/(设备清单 !G98*8*1.25*275)"，如图 4-65 所示。这里要说明的一点是，此处的故障率＝修理时长 /（所有设备数量 *1 天 8 小时 * 倒班系数 1.25* 全年标准工作日 275 天）。

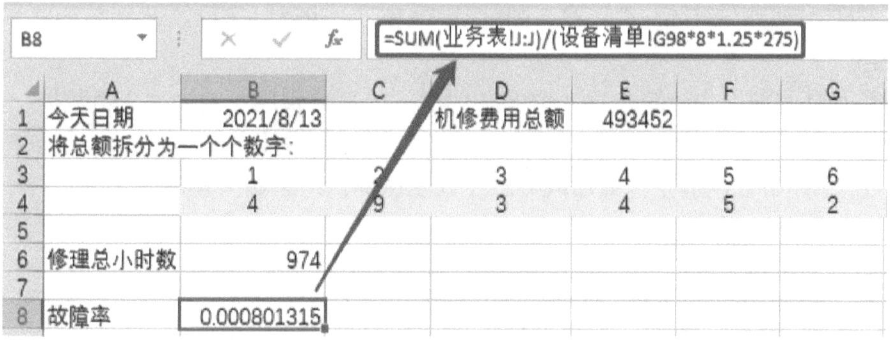

图 4-65　计算故障率

　　复制 BI 看板工作表中的"机修总时长（小时）"和"974"文本框各一份。在复制的"机修总时长（小时）"文本框中更改文字为"故障率"。然后再选中复制过来的"974"文本框，在编辑栏中输入"＝"，单击前面计算好的故障率 B8 单元格，并且设置该单元格的格式为"百分比"形式，则数字 0.08% 就显示出来了。最后，设置字体为 Arial，字号为 12，加粗，颜色为红色，如图 4-66 所示。

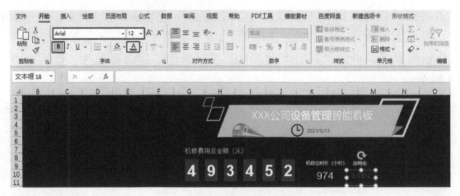

图 4-66　添加"故障率"标签

三、制作圆环图区域

1. 制作保养缺位、修复完成率、维修配合率圆环图

首先，计算保养缺位、修复完成率、维修配合率 3 个 KPI 数据。

①保养缺位：计算数据库里"故障原因分析"中属于"保养缺位"的占比，公式为"=SUMIFS(业务表 !H:H, 业务表 !F:F, 绘图数据 !B10)/E1"。

②修复完成率：计算已经修复完成次数占总维修次数的比率。首先计算"维修结果"中属于"没有修好"的个数，公式为"=COUNTIFS(业务表 !G:G, 绘图数据 !C13)"，之后计算"没有修好"占"维修结果"的比例，公式为"=D13/COUNTA(业务表 !G:G)"。计算出没有修好的占比后，则修复完成率公式为"=1-D12"。

③维修配合率：计算数据库里"配合态度"中属于"ABC"的占比。首先计算出"配合态度"为"D"的个数，公式为"=COUNTIFS(业务表 !M:M, 绘图数据 !C16)"，占比公式为"=D16/COUNTA(业务表 !M:M)"；剩下的就是"ABC"，也就是"维修配合率"的占比，公式为"=1-D15"。

在制作圆环图前，先计算出这 3 个 KPI 的比例，再分别用 1 减去这 3 组数据，得到制作圆环图的绘图数据源。为了后续展示比例，将此区域中的占比单元格统一显示为带 2 位小数的"百分比"，并用黄色填充背景加以突出，方便观察，结果如图 4-67 所示。

D13	▼		× √ fx	=COUNTIFS(业务表!G:G,绘图数据!C13)	
	A	B	C	D	E	F
1	今天日期	2021/8/13		机修费用总额	493452	
2	将总额拆分为一个个数字:					
3			1	2	3	4	5
4			4	9	3	4	5
5						
6	修理总小时数	974				
7						
8	故障率	0.08%				
9						
10	故障原因分析	保养缺位	25.99%	74.01%		
11						
12		修复完成率	86.21%	13.79%		
13			没有修好	138		
14						
15		维修配合率	89.11%	10.89%		
16			D	109		

图 4-67　计算故障原因分析数据

数据完成后，开始制作保养缺位、修复完成率、维修配合率对应的圆环图。

在 BI 看板工作表页面中，单击"插入"选项卡，选择"饼图"中的"圆环图"，如图 4-68 所示。

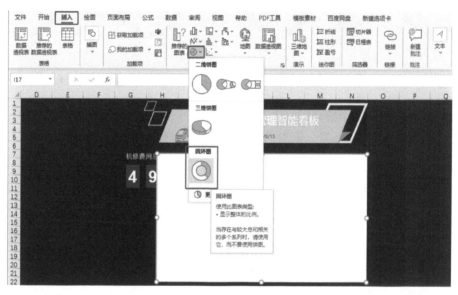

图 4-68　插入圆环图

为圆环图添加数据。单击"图表设计"选项卡，再单击"选择数据"按钮，在弹出的"编辑数据系列"对话框中设置"系列名称"为绘图数据原表中的 B10 单元格，设置"系列值"为绘图数据源表格中的 C10:D10 单元格区域，之后单击"确定"按钮，即可生成圆环图，如图 4-69 所示。

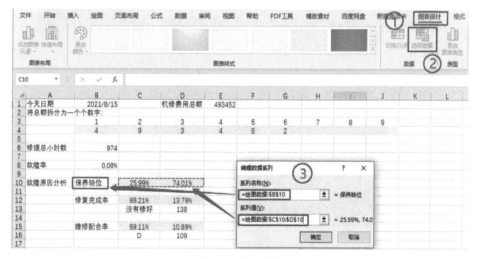

图 4-69　添加数据

已经制作完成的"保养缺位"圆环图如图 4-70 所示。再将做好的这个圆环图快速复制 / 粘贴两份，按照上面修改数据源的步骤更改圆环图的修复完成率、维修配合率数据源，得到其他两个 KPI 数据的圆环图。3 个 KPI 数据的原始圆环图如图 4-71 所示。

图 4-70　保养缺位圆环图

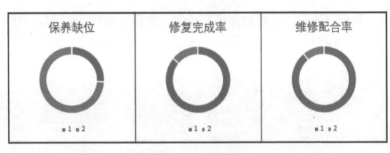

图 4-71　3 个 KPI 圆环图

美化圆环图。选中一个圆环图，在"格式"选项卡中，快速设置"形状填充"为"无填充"，"形状轮廓"为"无轮廓"。依次完成 3 个图表的操作，如图 4-72 所示。

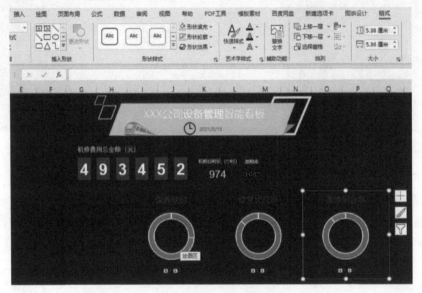

图 4-72　批量添加圆环图

依次选中 3 个图表区域中的圆环，将环形的"形状轮廓"边框设置为"无轮廓"，并修改蓝色部分的圆环颜色为浅蓝色，将橘色部分的颜色修改为深蓝色，如图 4-73 所示。

图 4-73　美化圆环图

设置 3 个圆环图的图表标题字体为微软雅黑，字号为 8，字体颜色为白色。

选中 3 个图表，删除图例，并将 3 个图表拖到合适的位置，使用对齐技巧将它们进行对齐：选中 3 个图表后，单击"页面布局"选项卡，选择"顶端对齐"及"横向分布"以调整好布局位置，如图 4-74 所示。

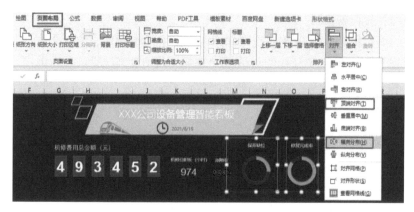

图 4-74　调整圆环图位置

为图表添加数据标签。复制之前做好的一个文本框，在编辑栏中输入"="，再单击绘图数据源中 3 个 KPI 占比所在单元格的位置，从而完成文本框与单元格的值相互联动的效果。引用完成后，进一步设置文本框的样式：字体为 Arial，字号为 11，字体颜色为白色，调整文本框至合适位置，如图 4-75 所示。

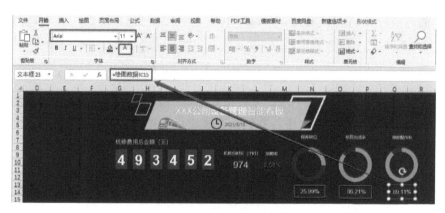

图 4-75　添加数据标签

将 3 个圆环图与标签文本框选定后，单击鼠标右键，选择"组合"选项，将其组合在一起，即完成 3 个比率圆环图的制作，如图 4-76 所示。

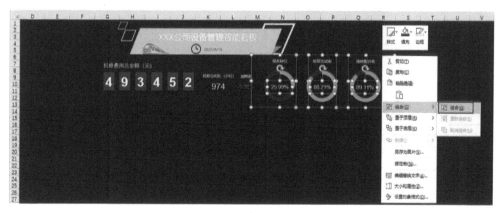

图 4-76　组合圆环图

2. 制作故障类别圆环图

（1）构建绘图数据源。单击业务表中任意一个有字的单元格，之后单击"插入"选项卡中的"数据透视表"按钮，在打开的对话框中选择"现有工作表"，之后单击绘图数据工作表的 A19 单元格，单击"确定"按钮，如图 4-77 所示。

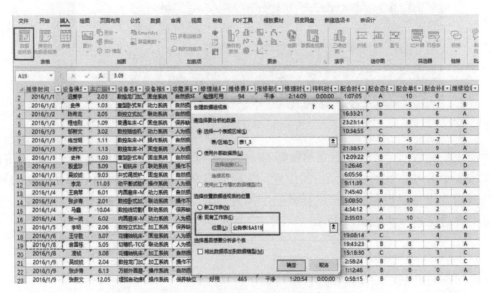

图 4-77　插入故障类别数据透视表

将"数据透视表字段"里的字段"设备报修部位"拖到"行"区域，"维修费用"拖到"值"区域，求出每一个部位的费用，数值按升序进行排序，即构建生成了 Excel 报表数据源，如图 4-78 所示。

图 4-78　构建数据透视表

在数据透视表的基础上，我们还需要构建环形柱状图的绘图数据源。

在前面的内容中我们了解到，环形柱状图中以某个环形角度构建的环形区域作为数据系

19 行标签	求和项:维修费用	MAX270	360-270
20 加工系统	81506	199.903893	160.0961067
21 操作系统	98733	242.155315	117.8446851
22 固定系统	99679	244.475501	115.524499
23 联动系统	103448	253.719456	106.2805443
24 动力系统	110086	270	90
25 总计	493452		

图 4-79　构建圆环图绘图数据源

列的标识。一般来说，在环形柱状图中，最大数据系列的环形角度不超过270°，并由最外环往最内环逐级递减呈现数据。因此，我们将透视表统计的数据进行角度值的转化，将原始数据中的最大值转化为270°，其他数据系列按比例缩放，如图 4-79 所示。

数据系列中的计算公式如下：

- 加工系统 =B20/MAX($B$20:$B$24)*270
- 操作系统 =B21/MAX($B$20:$B$24)*270
- 固定系统 =B22/MAX($B$20:$B$24)*270
- 联动系统 =B23/MAX($B$20:$B$24)*270
- 动力系统 =B24/MAX($B$20:$B$24)*270

除 270° 以外的辅助区域计算公司如下：

- 加工系统 =360-C20
- 操作系统 =360-C21
- 固定系统 =360-C22
- 联动系统 =360-C23
- 动力系统 =360-C24

至此，完成了制作圆环图所用的数据源的构建。

（2）制作故障类别圆环图。辅助数据源构建完成后，选中绘图数据源中的 C20:D20 单元格区域，单击"插入"选项卡，之后选择"饼图"中的"圆环图"，如图 4-80 所示。

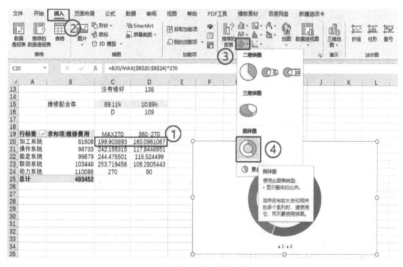

图 4-80 插入圆环图

单击圆环图，在 C20:D20 处向下拖动数据区域边框，即可快速生成 5 个圆形圈，如图 4-81 所示。

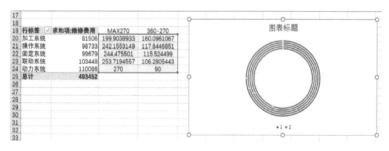

图 4-81 批量生成圆环图

（3）美化圆环图。将上面的圆环图剪切至 BI 看板工作表中，取消勾选图表标题和图例，设置图表颜色为无颜色。按照目标图表的配色方案给圆环图加上边框。选中图表区域，设置边框为实线，再设置边框颜色为蓝色，透明度为 85%，宽度为 0.75，如图 4-82 所示。

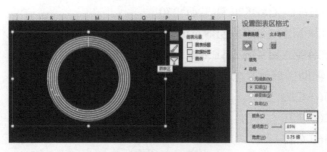

图 4-82　美化圆环图

更改圆环图内径大小：选中圆环图中的任意一个环形，单击鼠标右键，选择"设置数据系列格式"选项，在右侧"设置数据系列格式"窗格的"系列选项"中，将"圆环图圆环大小"的参数值调整为 55%，如图 4-83 所示。

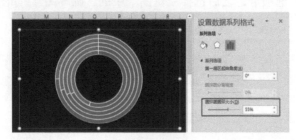

图 4-83　调整圆环图内径大小

更改每个环形的"形状轮廓"为"无边框"；逐一选中每一个圆环图以后，设置其边框颜色为无色。再依次将圆环图中橘色部分的填充颜色更改为无颜色填充，如图 4-84 所示。

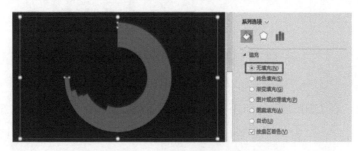

图 4-84　调整橘色部分圆环

更改第一个圆环中蓝色部分的填充颜色，将其设置为由深蓝色到亮蓝色的渐变填充：选中圆环图中的一个蓝色圆环，在右侧"设置数据点格式"窗格的"填充与线条"选项卡中选择"渐变填充"，颜色模式为"由亮蓝至深蓝"，修改"方向"为线性向下。设置完成后，选中第二圈蓝色圆环图，在右侧"设置数据点格式"窗格的"填充与线条"选项卡中选择"渐变填充"，此时 Excel 会自动填充上一步已经设置好的颜色填充效果。依次选择各个蓝色圆环图，并重复上述步骤，快速更改每个蓝色圆环的填充效果，如图 4-85 所示。

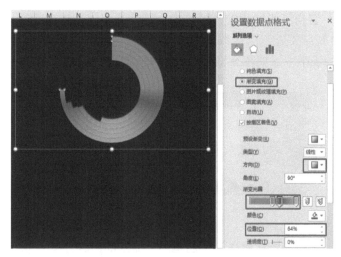

图 4-85　调整蓝色部分圆环

修改完毕后，还可以进一步修改圆环图的内径大小。选中图表区域后，单击鼠标右键，选择"设置数据点格式"，在右侧"设置数据点格式"窗格的"系列选项"中，将"圆环图圆环大小"的参数值调整为 25%，如图 4-86 所示。

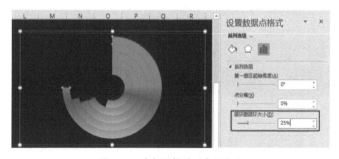

图 4-86　重新调整圆环内径大小

（4）增加圆环图的标签名称。由于我们刚开始做这个图表时是按照维修费用金额由小到大排列的，因此如果直接将名称进行复制，则名称与环形的显示是相反的，而如果更改透视表的排序，又会影响到图表的显示。所以，我们需要另做一份标签名数据源，直接复制一份透视表，设置数值的排列顺序为降序排序，即按照维修费用金额由大到小进行排列。选中透视表的行标签区域，设置行标签列的背景颜色和边框颜色均为深蓝色，与看板背景色相同，标签名称的字体为微软雅黑，字号为 8，字体颜色为白色，如图 4-87 所示。

图 4-87　构建数据标签数据源

选中行标签区域，单击"照相机"按钮，Excel 就会生成一个选中区域的截图。利用"剪裁"功能可以进一步调整照相机所拍图片的大小。这里要多说的是，使用照相机功能所生成的图片是能够与 Excel 单元格中的内容进行同步联动的。这就保障了如果数据源发生更新变化，所有的透视表、图表对应的数据也会联动变化。

注意：如果没有找到"照相机"按钮，则需要在"文件"选项卡下选择"选项"功能，再在"自定义功能区"中选择"不在功能区中的命令"，将"照相机"添加进去。

在使用过程中，选择需要照相的区域（如上述步骤中的透视表行标签区域），然后单击"照相机"按钮，再到需要进行图片数据比较的表格中拖曳一下编辑框，即可将照相机获得的图片显示到对应的表格中，如图4-88所示。

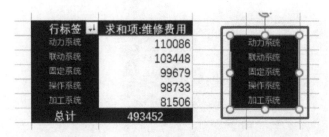

图4-88　照相机

将剪裁好的图片复制到看板表格上。如果图片显示的内容发生了变化，则只需要在编辑栏中重新输入"=绘图数据!$F$20:$F$24"，就可以重新绑定行标签中的内容了。将标签名称拖放至圆环图的合适位置，边框设置为无，并将图表和标签名称组合在一起，即可完成故障类别圆环图的制作，如图4-89所示。

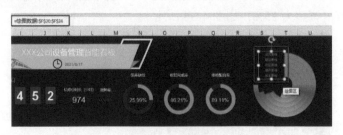

图4-89　添加数据标签

另外，绘制4个直角三角形，将其作为本图图表区域四周美化的锚定边框，最终图表效果如图4-90所示。

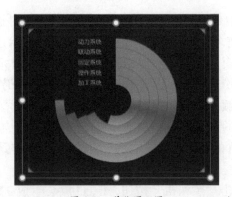

图4-90　美化圆环图

3. 制作报修原因分析数据透视圆环图

（1）构建绘图数据源。单击数据库中的任意一个有字的单元格，之后单击"插入"选项卡的"数据透视表"，在弹出的对话框中选择"现有工作表"，单击选择绘图数据工作表中的A28单元格，之后单击"确定"按钮，如图4-91所示。

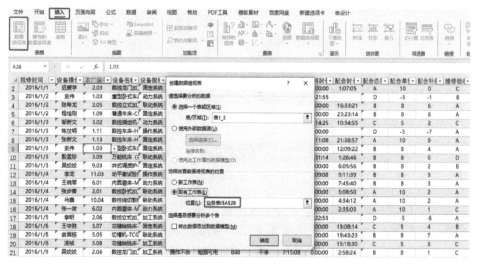

图 4-91　新建数据透视表

在插入的透视表页面，将"数据透视表字段"里的"故障原因"字段拖到"行"区域，将"维修费用"拖到"值"，求出每一个故障的费用。这样，圆环图的数据源就构建好了，如图 4-92 所示。

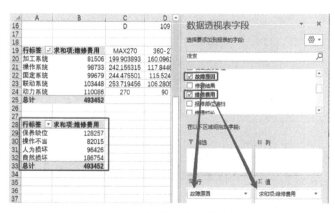

图 4-92　构建报修原因数据源

（2）制作数据透视圆环图。选中数据透视表后，单击"插入"选项卡中的"数据透视图"，在打开的对话框中选择"饼图"下的"圆环图"，创建一个数据透视圆环图。选中该圆环图，将其剪切到看板工作表中，选中"求和项：维修费用"按钮，单击鼠标右键，选择"隐藏图表上的所有字段按钮"，如图 4-93 所示。

删除图例和图表标题，添加图表标签。选中图表区域后，单击鼠标右键，选择"添加数据标签"与"设置数据标签格式"，在右侧"设置数据标签格式"窗格的

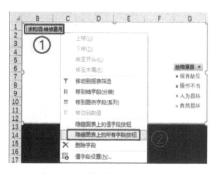

图 4-93　隐藏图表上的所有字段

"标签选项"中勾选"百分比"等，如图 4-94 所示。此时图表中自动显示了标签：类别名称、百分比，并且显示引导线。

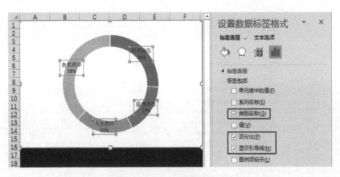

图 4-94　添加数据标签

（3）美化数据透视圆环图。选中整个圆环图，将"形状填充"设置为"无填充"，设置边框为实线，边框颜色为蓝色，透明度为 85%，宽度为 0.75。设置标签字体为微软雅黑，字号为 8 号，字体为白色，调整好图表的位置，如图 4-95 所示。

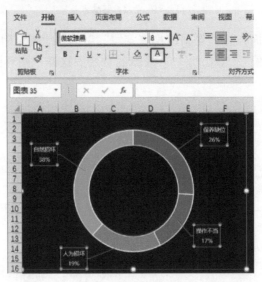

图 4-95　调整圆环图

选中透视圆环图中的环形部分，将环形的"形状轮廓"边框设置为"无边框"，分别修改 4 个部分的环形部分如图 4-96 所示。

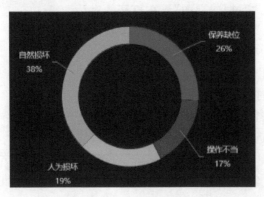

图 4-96　美化圆环图

同样，为圆环图添加 4 个直角三角形，将其作为本图图表区域四周美化的锚定边框，最终图表效果如图 4-97 所示。

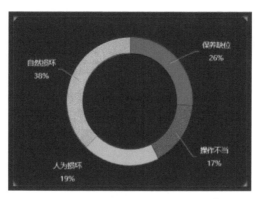

图 4-97　添加锚定边框

此时，我们已基本完成了样板中指标区域的制作，如图 4-98 所示。

图 4-98　完成抬头部分的 BI 看板

 拓展练习

完善设备运维情况BI看板图表区域

下面，我们将继续完成目标 BI 看板图表区域的制作。

一、制作面积图

（1）构建绘图数据源。对于修理时长和维修费用两组数据的呈现，在本例中我们采用折线图 + 面积图的组合图进行展示。

单击业务表中的任意一个有字的单元格，单击"插入"选项卡中的"数据透视表"，在打开的对话框中选择"现有工作表"，之后单击绘图数据中的 A36 单元格，最后单击"确定"按钮，如图 4-99 所示。

将"数据透视表字段"里的字段"报修时间"拖到"行"区域，"维修费用"和"修理时长"拖到"值"区

图 4-99　新建数据透视表

域中，如图 4-100 所示。

图 4-100　构建数据透视图

如果此时"行标签"的报修时间自动变成了"年"—"季度"—"月"的形式，则只需在"行"区域字段中将"季度"字段删除即可。这样最终的图表效果就会按照月为粒度进行分布，如图 4-101 所示。

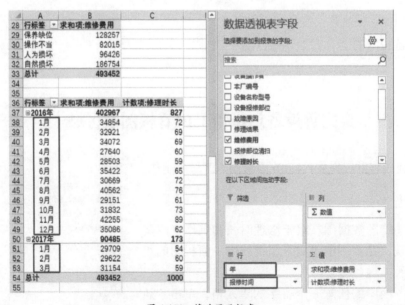

图 4-101　修改显示粒度

此时，透视表中的维修费用就统计出来了，但修理时长仍是计数的形式，而不是求和。这是因为在 Excel 数据源区域中，该字段列表中有非数值单元格的存在，如空格，这样会使得该字段的统计默认形式为"计数"而非"求和"。因此，需要将修理时长也设置为求和的形式。

单击"数据透视表字段"的"计数项：修理时长"旁边的小三角，选择"值字段设置"。在弹出的"值字段设置"对话框的"值字段汇总方式"中选择"求和"，如图 4-102 所示，此时透视表中修理时长原来的计数结果就调整为求和的结果了。

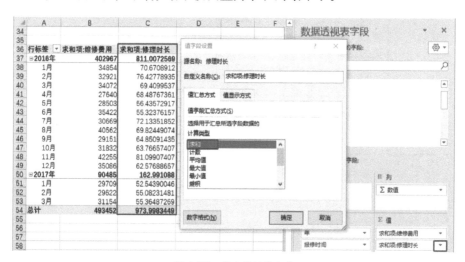

图 4-102 修改值汇总方式

设置完成以后，进一步更改数据透视表的布局。在数据透视表工具的"设计"选项卡中选择"报表布局"，再选择"以表格形式显示"，数据透视表的年份和月份就分为两列了，如图 4-103所示。

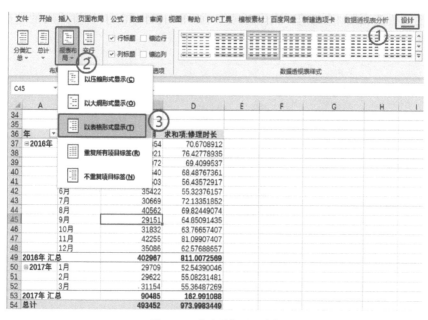

图 4-103 修改图表显示形式

在年份列的任意一个单元格处单击鼠标右键，选择"数据透视表选项"选项，在弹出的"数据透视表选项"对话框的"布局和格式"选项卡中，勾选"合并且居中排列带标签的单元格"，则透视表中的格式就按照具体年份合并单元格显示了，如图 4-104 所示。

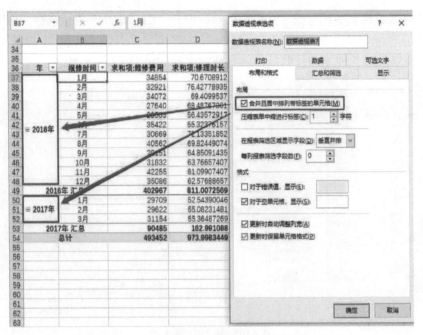

图 4-104　合并且居中排列带标签的单元格

（2）制作面积图与折线图的组合图。单击透视表区域，之后单击"插入"选项卡中的"插入数据透视图"，在弹出的"插入图表"对话框中选择"组合图"，将"求和项：维修费用"的"图表类型"设置为"面积图"；将"求和项：修理时长"的"图表类型"设置为"带数据标记的折线图"，并勾选"次坐标轴"，如图 4-105 所示。将生成后的数据透视组合图剪切到看板工作表中。

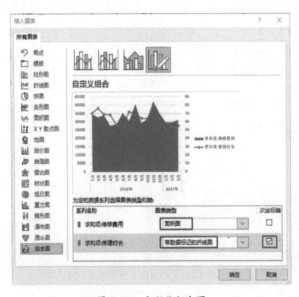

图 4-105　初始化组合图

（3）美化组合图。单击图表上的透视表筛选字段按钮，之后单击鼠标右键，选择"隐藏图表上的所有字段按钮"选项，如图 4-106 所示。

图 4-106　隐藏图表上的所有字段按钮

进一步美化图表。删除图例，删除网格线。选中图表，将"形状填充"设置为"无填充"。设置边框颜色为蓝色，透明度为 85%，宽度为 0.75。选中图表，设置字体为微软雅黑，字号为 8，字体颜色为白色，如图 4-107 所示。

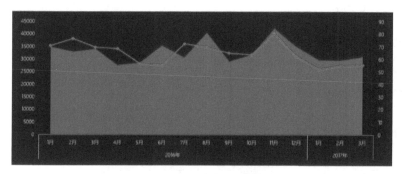

图 4-107　初步美化组合图

此时选中左侧坐标轴，单击鼠标右键，选择"设置坐标轴格式"选项，在右侧的窗格中将垂直坐标轴的最大值修改为"70000"，让面积图和折线图在图表呈现上拉开距离，如图 4-108 所示。

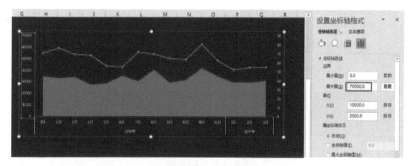

图 4-108　修改坐标轴格式

美化面积图。选中面积图，在"设置数据系列格式"下的"填充"选项卡中，选择"渐变填充"，"角度"设置为 90°，颜色调整成深蓝色，设置颜色位置为 100%，"透明度"为 100%，如图 4-109 所示。

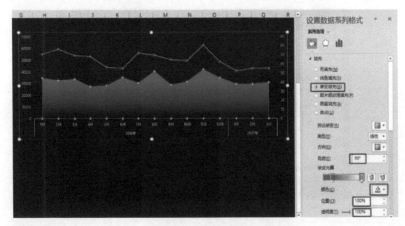

图 4-109　修改填充色

美化折线线条和标记。选中折线，单击鼠标右键，选择"设置数据系列格式"选项，在右侧的窗格中将颜色设置为橘色，"宽度"为 0.25 磅，"短划线类型"为方点，如图 4-110 所示，同时，设置标记颜色也为橘色。

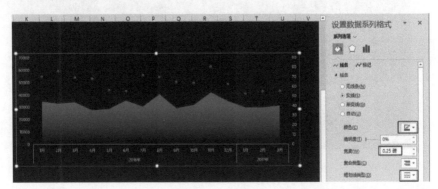

图 4-110　美化折线

（4）为图表添加图例。选中整张图表，在"设计"选项卡下选择"添加图表元素"，添加"图例"，并选择"顶部"，如图 4-111 所示。

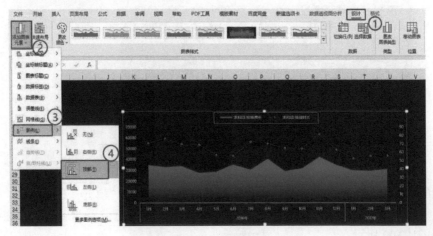

图 4-111　调整图例

更改图例数据的显示。将透视表的"求和项：维修费用"和"求和项：修理时长"中的"求和项："替换为""（一个空格），如图 4-112 所示。可以发现，图例中的文字也会随之更改，如图 4-113所示。

36	年 ▾	报修时间 ▾	维修费用	修理时长
37		1月	34854	70.6708912
38		2月	32921	76.42778935
39		3月	34072	69.4099537
40		4月	27640	68.48767361
41		5月	28503	56.43572917
42	⊟2016年	6月	35422	55.32376157
43		7月	30669	72.13351852
44		8月	40562	69.82449074
45		9月	29151	64.85091435
46		10月	31832	63.76657407
47		11月	42255	81.09907407
48		12月	35086	62.57688657
49	2016年 汇总		402967	811.0072569
50		1月	29709	52.54390046
51	⊟2017年	2月	29622	55.08231481
52		3月	31154	55.36487269
53	2017年 汇总		90485	162.991088
54	总计		493452	973.9983449

图 4-112　修改图例文本

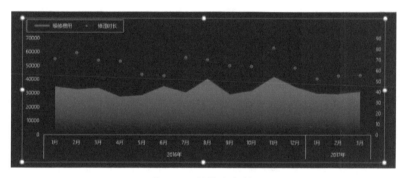

图 4-113　调整后的图例

添加文本框，输入文字"修理时长／维修费用统计"，将图表宽度调整到合适的大小。当然，具体的配色方案还可以参考示例文件中的图表，以进行进一步的修改和调整，如图 4-114 所示。

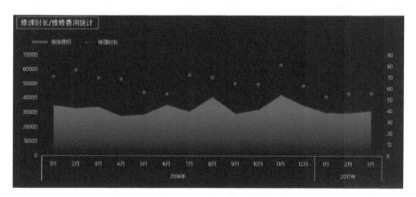

图 4-114　添加图表标题

像前面那样绘制图表四周锚定的蓝色小三角，将其放置在图表区域中。然后将本阶段中的图表元素进行组合，即可完成组合图的制作，如图 4-115 所示。

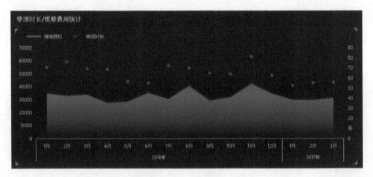

图 4-115　添加锚定小三角

二、制作各年各月维修次数柱形图

（1）构建绘图数据源。直接复制一份上面已做好的组合图透视表，保留"维修费用"或"修理时长"任意一列，并将其"汇总方式"更改为"计数"，标题更改为"维修次数"即可，如图 4-116 所示。

图 4-116　构建数据透视源

（2）制作柱形图。单击透视表中的任意一个单元格，之后单击"插入"选项卡，在"图表"的"二维柱形图"中选择"簇状柱形图"。此时生成了一张数据透视柱形图，如图 4-117 所示。

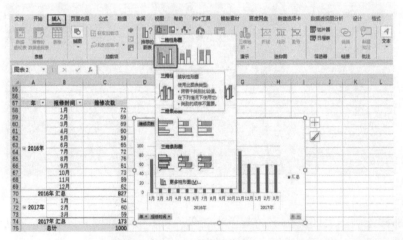

图 4-117　插入柱形图

（3）美化柱形图。将柱形图剪切到看板工作表，跟上面的组合图设置相似，单击图表上的相关按钮，之后单击鼠标右键，选择"隐藏图表上的所有字段按钮"选项，删除图表标题、图例和网格线，添加数据表。选中图表，将"形状填充"设置为"无填充"，再设置边框颜色为蓝色，透明度为 85%，宽度为 0.75；设置字体为微软雅黑，字号为 8，字体颜色为白色，如图 4-118 所示。

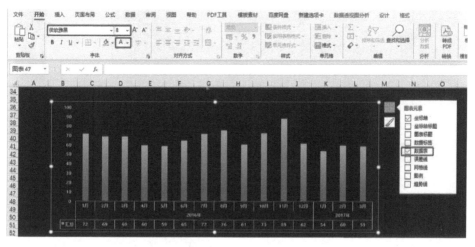

图 4-118　美化柱形图

进一步美化柱形图中的数据系列区域。选中任意一个柱形后，设置其填充效果为"渐变填充"，"角度"为 90°，用之前调好的蓝色做渐变，如图 4-119 所示。

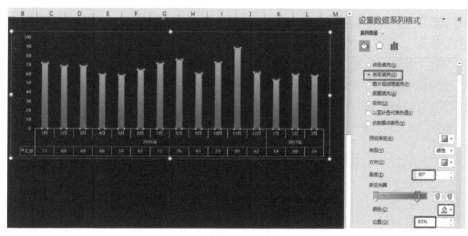

图 4-119　修改填充色

（4）添加内容为"各月度维修次数"的文本框。然后像前面的图表那样绘制图表四周锚定的蓝色小三角，将其放置在图表区域中。最后，将本环节中的图表元素进行组合，即可完成各年度维修次数组合图的制作。

不过，此处涉及上下图表的对齐问题。按住 Ctrl 键并单击鼠标，同时选中上面的组合图和柱形图，然后单击"形状格式"选项卡，选择"对齐"下的"左对齐"，使其进行有效对齐，如图 4-120 所示。

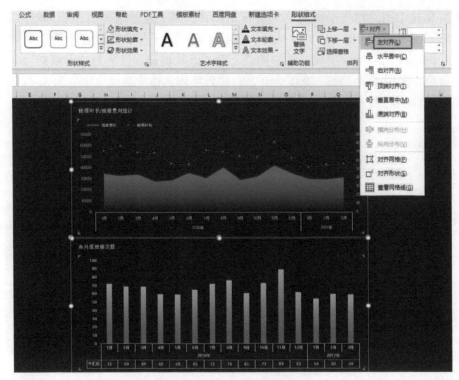

图 4-120　设置图表对齐方式

三、制作人员维修情况条形图

（1）构建绘图数据源。单击业务表中的任意一个有字的单元格，单击"插入"选项卡中的"数据透视表"，在打开的对话框中选择"现有工作表"，之后单击绘图数据中的 A78 单元格，最后单击"确定"按钮。

与前面的操作类似，将"设备操作者"拖到"行"区域，将"配合补贴"和"配合时长"拖到"值"区域，标题更改为"配合补贴"和"配合时长"，将"配合时长"的"值汇总依据"改为"求和"，再将"配合补贴"按"升序"进行排序，如图 4-121 所示。

图 4-121　构建人员维修情况绘图数据源

（2）制作条形图。首先，将"求和项：配合补贴"列名称修改为"配合补贴 "（后面跟一个空格），"求和项：配合时长"列名称修改为"配合时长 "（后面跟一个空格）。然后，单击透视表中的任意一个单元格，之后单击"插入"选项卡，在"图表"的"二维条形图"中选择"簇状条形图"，如图 4-122 所示。

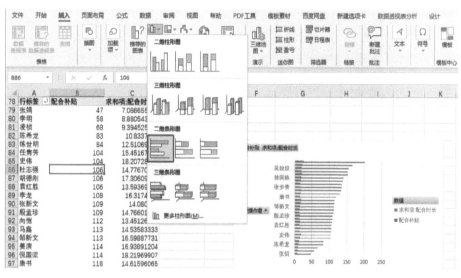

图 4-122　初始化条形图

（3）美化条形图。将条形图剪切到看板工作表中，与上面的组合图设置相同。选择图表区域后，再单击图表上的透视表筛选字段按钮，之后单击鼠标右键，选择"隐藏图表上的所有字段按钮"选项，然后依次删除图例和网格线。

选中图表区域，在"格式"选项卡下，将"形状填充"设置为"无填充"，设置边框颜色为蓝色，透明度为 85%，宽度为 0.75；设置字体为微软雅黑，字号为 8，字体颜色为白色，如图 4-123 所示。

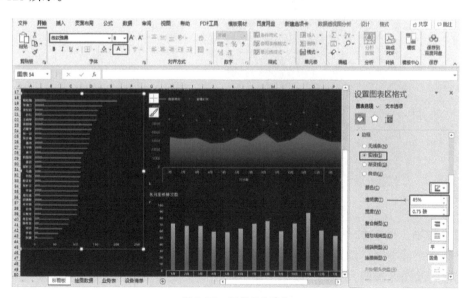

图 4-123　调整形状填充

调整蓝色条形系列的填充颜色：选中蓝色的条形，选中"渐变填充"。设置方向为显性向右，角度为 0°，颜色为由亮蓝色到深蓝色，颜色位置为 100%，透明度为 0%，如图 4-124所示。

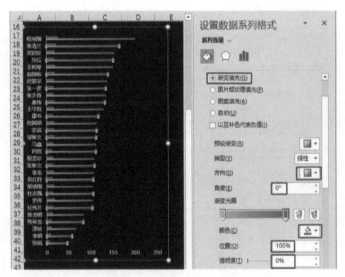

图 4-124　调整蓝色条形系列填充色

调整橘色条形系列的填充颜色：选中橘色系列较短的条形，选择"纯色填充"，设置填充颜色为红色，如图 4-125 所示。

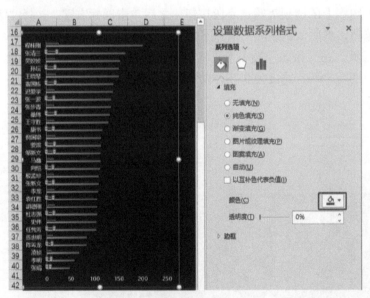

图 4-125　调整橘色条形系列填充色

调整坐标轴：选中水平坐标轴，单击鼠标右键，选择"设置坐标轴格式"选项，在右侧的窗格中将"最小值"设置为 0，"最大值"设置为 250。设置好后，删除水平坐标轴，并将图标内部的绘图区域调大一些，使条形图尽可能地扩大显示范围。设置图表宽度与上面的"报修原因分析数据透视圆环图"的宽度一致，如图 4-126 所示。

图 4-126　调整坐标轴

（4）最后，添加内容为"人员维修情况分析"的文本框，设置图表的 4 个小三角形，然后将其与条形图组合。最终效果如图 4-127 所示。

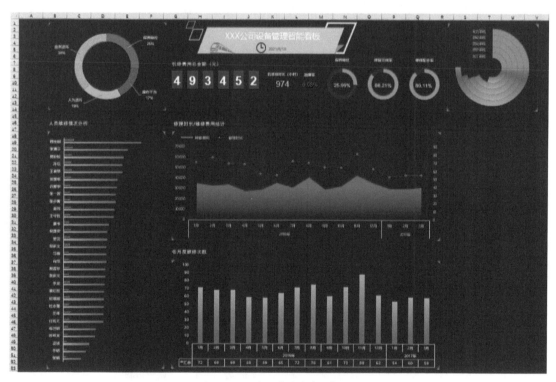

图 4-127　调整人员维修情况条形图

四、制作清扫结果条形图

（1）构建绘图数据源。创建数据透视表，将"报修部位清扫"拖到"行"区域，将"修理时长""待料时长""配合时长"依次拖到"值"区域，更改标题，将 3 列数据的"值汇总依据"改为"求和"，如图 4-128 所示。

图 4-128　构建清扫结果条形图数据源

（2）制作条形图。插入条形图，单击透视表中的任意一个单元格，之后单击"插入"选项卡，在"图表"的"二维条形图"中选择"簇状柱形图"，如图 4-129 所示。

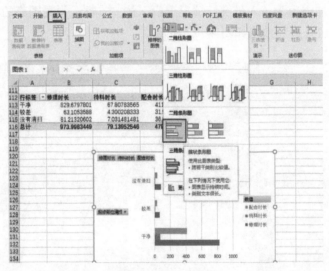

图 4-129　初始化条形图

（3）美化条形图。将条形图剪切到 BI 看板工作表中，与之前图表的设置相同。选择图表区域后，选中图表中的透视字段按钮，单击鼠标右键，选择"隐藏图表上的所有字段按钮"选项，删除网格线，修改图例显示位置为"顶部"，如图 4-130 所示。

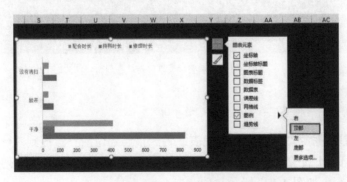

图 4-130　调整条形图

　　选中图表，将"形状填充"设置为无填充。设置边框颜色为蓝色，透明度为85%，宽度为0.75；设置字体为微软雅黑，字号为8，字体颜色为白色，如图4-131所示。

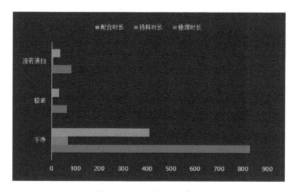

图 4-131　设置形状填充

　　设置条形图的填充颜色。首先，选中"修理时长"的蓝色条形，设置颜色为亮蓝色；其次，选中"配合时长"的灰色条形，设置颜色为姜黄色；最后，选中"待料时长"的橘色条形，设置颜色为亮红色，删除水平坐标轴，调整图表的位置，如图4-132所示。

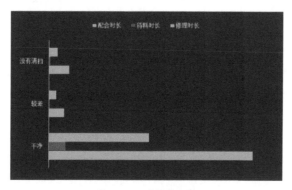

图 4-132　设置填充色

　　（4）最后，设置图表中的4个小三角形，具体操作步骤同前面图表中绘制小三角形的方法，完成条形图的绘制，如图4-133所示。

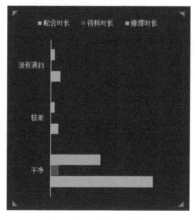

图 4-133　美化条形图

五、制作维修结果柱形图

（1）构建绘图数据源。在绘图数据工作表中，插入透视表后，将"修理结果"拖到"行"区域，将"修理时长""维修费用"依次拖到"值"区域，更改标题，将两列数据的"值汇总依据"改为"求和"，如图4-134所示。

图4-134　构建维修结果柱形图数据源

当维修费用的金额数值远远大于修理时长的数值，且两者在同一数据标准下进行图表呈现时，由于两组数据差距较大，会造成数据基数小的那一组无法有效显示数据的波动情况。因此为了清晰地呈现数据较小的指标，要采用主次坐标的方式来制作商务图表。

（2）创建组合图。单击透视表中的任意一个单元格，接着单击"插入"选项卡，之后单击"插入图表"按钮，在打开的"插入图表"对话框中选择"组合图"，将"维修费用"与"修理时长"的"图表类型"均设置为"簇状柱形图"，勾选"修理时长"数据系列后的"次坐标轴"，如图4-135所示。

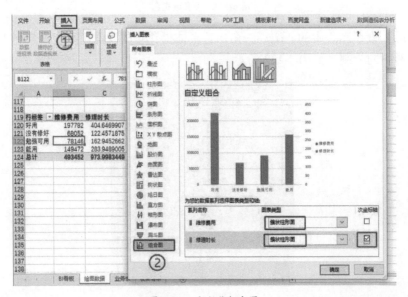

图4-135　初始化组合图

（3）美化组合图。将组合图剪切到 BI 看板工作表中，选择图表区域后，选中图表中的"修理时长"按钮，单击鼠标右键，选择"隐藏图表上的所有字段按钮"选项，删除网格线，修改图例位置到"底部"，与之前图表的设置相似。

调整两条柱形的间距，仅选中橙色柱形，单击鼠标右键，选择"设置数据系列格式"选项，在右侧的"设置数据系列格式"窗格中，将"间隙宽度"设置为 500%，使其变得瘦高一些，如图 4-136 所示。

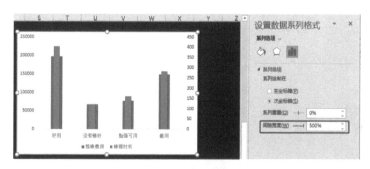

图 4-136　设置橙色系列间隙宽度

之后仅选中蓝色柱子，单击鼠标右键，选择"设置数据系列格式"选项，在右侧的"设置数据系列格式"窗格中，将"间隙宽度"设置为 40%，使其变得矮胖一些，如图 4-137 所示。

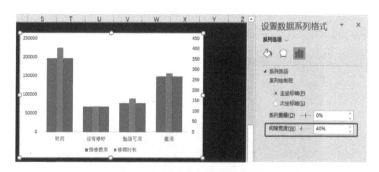

图 4-137　设置蓝色系列间隙宽度

选中图表，将"形状填充"设置为"无填充"。设置边框颜色为蓝色，透明度为 85%，宽度为 0.75；设置字体为微软雅黑，字号为 8 号，颜色为白色，如图 4-138 所示。

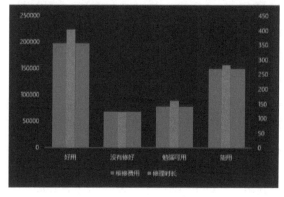

图 4-138　设置形状填充

设置柱形图的填充颜色。选中橙色的柱子，修改其填充颜色为亮蓝色；选中蓝色的柱子，设置其填充颜色为橘色渐变，方向为"线性向下"，"角度"为90°；设置中间滑块的颜色为橘色，颜色位置为60%，透明度为0%；设置右侧滑块的颜色为红色，颜色位置为100%，透明度为79%，如图4-139所示。

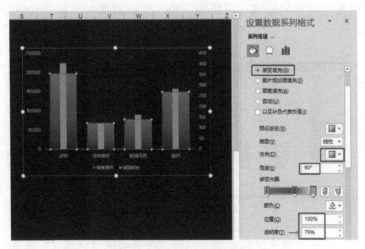

图4-139　设置柱形图的填充颜色

（4）最后设置图表的4个小三角形，将小三角形和图表进行组合，调整图表的大小，放到看板的合适位置，完成柱形图的绘制，如图4-140所示。

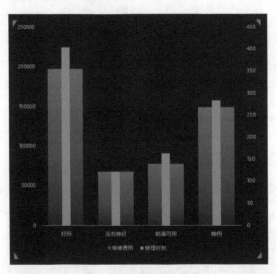

图4-140　调整柱形图

至此，我们完成了整体BI看板中所有图表元素的绘制。此时，只需要选中任意图表区域，然后按住Ctrl+A组合键，即可选中当前看板中所有的图表元素，将其组合为一个整体。这也就意味着我们可以对当前工作表中所有元素进行位置的调整和整体剪切了。我们还可以通过选中图表区域所在的单元格区域使用照相机的方式，生成一张一模一样的"影子"看板，随后就可以将其粘贴到微信、QQ、邮件中，发送给领导和同事了，如图4-141所示。

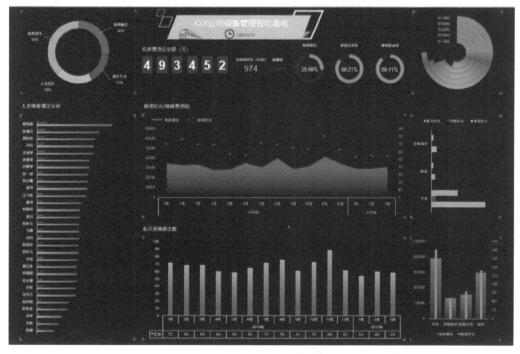

图 4-141　某公司设备管理智能看板

任务总结

（1）BI（Business Intelligence）即商务智能，商务智能看板也称为 BI 看板，是一套完整的解决方案，用来将企业中现有的数据进行有效整合，快速准确地提供报表并提出决策依据，帮助企业做出明智的业务经营决策。

（2）BI 看板的应用范围包括销售分析、商品分析、人员分析、财务分析等领域。

（3）BI 看板的三大构建原则：①数据链接原则；②核心指标原则；③可视化呈现原则。

课后习题

1. 单选题

（1）（　　）是一套完整的解决方案，用来将企业中现有的数据进行有效整合，快速准确地提供报表并提出决策依据，帮助企业做出明智的业务经营决策。

A.ERP　　　　　　B.BI 智能看板　　　　　C.CRM　　　　　　D.MIS

（2）BI 看板的三大构建原则不包括（　　）。

A. 数据链接原则　　　B. 核心指标原则　　　C. 可视化呈现原则　　　D. 整体性原则

（3）BI 看板制作过程中，通过（　　）作为中间件，从而实现数据的实时更新。

A. 数据源表　　　B. 数据透视表　　　C.BI 看板　　　D. 文本框

（4）Excel 中可通过（　　）函数获取到实时日期。

A. TODAY()　　　B. MONTH()　　　C. YEAR()　　　D. MIN()

（5）使用（　　）所裁处的图片是能够与 Excel 单元格中的内容进行同步联动的。这就保障了如果数据源发生更新变化，所有的透视表、图表对应的数据也会随之联动变化。

A. 数据透视表　　　　B. 数据库　　　　C. 照相机功能　　　　D.Ctrl+A

（6）当两组不同量级的数据在同一图表上进行展现时，为了清晰地呈现数据较小的指标，要采用添加（　　）的方式来制作商务图表。

A. 图表标题　　　　B. 主次坐标　　　　C. 图例　　　　D. 数据表

（7）Excel 中，单元格 B2 为 95，则函数 IF(AND(B2>=80),"A","B") 返回的是（　　）。

A.C2　　　　B.D2　　　　C. A　　　　D.B

（8）Excel 中实现可视化设计的途径不包括添加（　　）。

A. 迷你图　　　　B. 条件格式　　　　C. 可视化图表　　　　D. 文字

（9）在圆环图中，为了凸显需要传达的信息，可以通过多种途径进行设置，其中不包括（　　）。

A. 圆环的大小　　　　B. 圆环的粗细　　　　C. 圆环的颜色　　　　D. 圆环的比例

（10）一键快速计算金额，从而实现批量求和的快捷组合键为（　　）。

A.Ctrl+A　　　　B.Ctrl+Shift　　　　C.Ctrl+Alt　　　　D.Ctrl+F

2.判断题

（1）Excel BI 看板中的数据并不是实时更新的。（　　）

（2）看板中可以通过视觉配色的差异，从而实现不同数据的着重。（　　）

（3）VLOOKUP 函数是 Excel 中的一个纵向查找函数。（　　）

（4）通过照相机裁剪的图片不可以与数据表进行联动。（　　）

（5）BI 看板的三大构建原则包括数据链接原则、核心指标原则、可视化呈现原则。（　　）

（6）BI 看板中可以通过数据透视表进行数据表的重构与实时更新。（　　）

（7）BI 看板中将数据进行有效整合，帮助用户通过可视化交互从可视化映射后的结果中获取知识和灵感。（　　）

（8）数据条的条件格式和迷你图都会随着单元格数值的变化而变化。（　　）

（9）柱形图中，可通过间隙宽度调整柱子的宽度。（　　）

（10）为了调整圆环图中圆环的大小，可以通过调整"圆环图圆环大小"的方式进行设置。（　　）

模块五

拓展：FineBI数据可视化

※ 了解 FineBI 可视化工具的基本功能；

※ 熟悉 FineBI 可视化工具的安装及操作界面；

※ 掌握 FineBI 中可视化设计的基本流程；

※ 掌握 FineBI 中可视化组件的创建和美化方法；

※ 掌握 FineBI 中仪表板的使用。

※ 了解数据可视化分析类工具使用的可拓展性；

※ 具备 FineBI 中构建图表的思维和能力；

※ 具备在 FineBI 中创建可视化组件的方法和美化技巧；

※ 具备在 FineBI 中制作并设计商务仪表板的能力。

※ 具备使用系统的数据的思维分析问题和解决问题的能力；

※ 培养数据分析从业人员使用可视化分析工具的拓展性思维；

※ 培养数据可视化设计过程中的全局性意识和精益求精的工匠精神。

在前面模块的 Excel 数据可视化分析案例中，我们利用 Excel 工具创建和美化了多种常见图表，帮助用户简单且直观地展示了图表背后的信息。Excel 可以实现数据可视化的基础功能和基本操作，是我们在处理各类数据时的常用工具。但在数据可视化分析面临数据量增大、数据维度增加、数据处理算法增强的背景下，我们需要借助更加专业的数据可视化工具，从而实现更加深入、强大的分析能力和可视化效果。在本模块中，我们将拓展学习一个全新的数据可视化工具——FineBI。

任务一 认知 FineBI 可视化工具

 任务目标

掌握 FineBI 中数据可视化设计的基本流程。

 任务分析

（1）FineBI 工具简介及安装；

（2）FineBI 工具中操作界面的布局；

（3）FineBI 中可视化基本流程有哪些？

（4）如何在 FineBI 中搭建一个简单的可视化看板？

 基础知识

FineBI 简介视频

一、FineBI 简介

在传统企业部门中，与数据分析相关的工作大都被压在 IT 部门，传统 BI 分析更多面向的是具有 IT 背景的人员。但随着业务分析需求的增加，很多公司都希望为业务用户提供自助分析服务，将分析工具落实到业务人员手中。但同时，分析工具毕竟作为一个系统架设在企业数据分析平台的前端，需要适应企业的复杂业态，于是类似 FineBI 这类自助式数据可视化工具就成了不二选择。

FineBI 是帆软软件有限公司推出的一款商业智能产品，本质是通过分析企业已有的信息化数据，发现并解决问题，辅助决策。FineBI 的定位是业务人员 / 数据分析师自主制作仪表板进行探索分析，以最直接快速的方式了解自己的数据，发现数据的问题。用户只需要进行简单的拖曳操作，选择自己需要分析的字段，几秒内就可以看到数据分析结果，通过层级的收起和展开、下钻上卷，可以迅速地了解数据的汇总情况。

FineBI 可视化分析工具应用领域十分广泛。从 FineBI 在金融、电信、地产、制造、医药等行业的案例来看，FineBI 能被多行业接受归功于其轻量型、自助性强的优点，具体体现在以下几个方面。

1. 全可视化操作

FineBI 中读取数据、建立数据关联（建模）、ETL 操作、分析字段拖取、图表展示切换等，可全程实现可视化操作，不需要通过 SQL 读取数据库或手动建模，只需要基于业务分析逻辑，将所需数据取出，按照维度指标选择合适的图表展示，通过图表间的逻辑关联操作，即可快速完成一个可视化看板的制作。

2. 对大数据的良好支持

FineBI 不仅支持 Hadoop、GreenPlumn、Kylin 等大数据平台，还支持 SAP HANA、SAP

BW、SSAS、EssBase 等多维数据库，支持 MongoDB、SQLite、Cassandra 等 NoSQL 数据库，也支持传统的关系型数据库、程序数据源等。

FineBI 支持安装在 Windows、macos 和 Linux 三大主流操作系统上，但需要注意的是，FineBI 在 Windows 操作系统上仅仅支持 64 位版本的安装包。另外，为了满足不同用户的需要，FineBI 也支持移动端应用，帮助用户在手机、平板等移动数字终端设备上进行数据可视化操作。

不同于市面上大多数以"客户端 / 服务器"（C/S）为架构的软件，FineBI 软件在本地计算机上是以"浏览器 / 服务器"（B/S）形式安装和运行的。用户不再需要预装软件，只需要通过浏览器打开默认的网址，输入用户名和密码登录，即可实现数据分析和可视化设计的操作，也可将结果发布并以网页的形式分享给他人。而其他用户也只需要运行浏览器便可看到分享的内容，整个过程并不受终端操作系统的限制。

二、FineBI 安装及操作界面简介

那么，如何安装 FineBI 呢？

首先，进入官网的下载入口 https://www.finebi.com/product/download，用户可以根据自身需求进行下载，如图 5-1 所示。本书所使用的版本为 FineBI V5.1.16，并将以此版本为背景进行讲解。

认知 Fine BI 可视化工具视频

图 5-1　下载 FineBI

由于 FineBI 的安装过程较为常规，此处不过多赘述。安装成功后，双击桌面上的快捷图标，便可启动 FineBI。第一次启动 FineBI 时，会被要求填写激活码，此时，只需单击图5-1 中的"免费试用"链接进入激活码免费获取页面，输入手机号注册成功后，便可获取激活码，如图 5-2 所示。

图 5-2　获取激活码

再次启动 FineBI，输入注册的账号进行登录，如图 5-3 所示。成功登录后，系统会自动弹出 FineBI 的服务器窗口，单击窗口中的服务器地址 http://localhost:37799/webroot/decision，如图 5-4 所示，则可进入 BI 决策平台，如图 5-5 所示，在该平台上就可以开始数据可视化分析操作了。

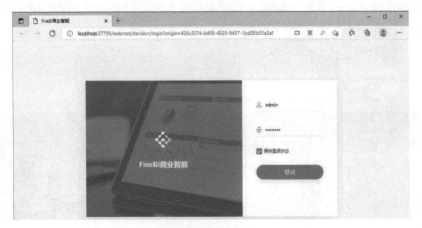

图 5-3　FineBI 登录界面

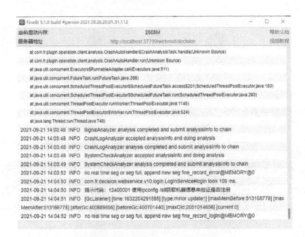

图 5-4　启动 FineBI 服务器

图 5-5 FineBI 成功登录后的界面

FineBI 数据决策系统的主界面分为菜单栏、目录栏、资源导航及消息提醒与账号设置 4 个区域, 如图 5-6 所示。

图 5-6 FineBI 主界面分区

1. 菜单栏

菜单栏中设有"目录""仪表板""数据准备""管理系统"和"BI 工具"5 项功能菜单, 具体功能如表 5-1 所示。当然, 这些模块会实时随着 FineBI 版本的更新而更新。

表5-1 FineBI菜单栏

菜 单	功 能
目录	默认菜单, 进入 FineBI 后, 默认选中"目录"菜单, 并在右侧显示对应的目录栏
仪表板	用于用户可视化展示, 可被看作可视化设计的画布或容器, 供用户进行图表设计和信息展示
数据准备	用于各类数据源汇总、数据加工、数据转换和各类业务包、数据表和自助数据集等资源的管理
管理系统	为账户提供数据决策系统管理功能, 支持用户、目录、权限等多维度管理的管理配置
BI 工具	新增模块, 一般用于定位分析问题, 提供部分快捷查询入口和自动分析功能

2.目录栏

目录栏中展示的是当前系统中现有的模板，单击各目录的小三角，可逐层显示模板目录，单击选择某一模板，即可查看该模板中的内容。同时，在目录栏的上方，提供了收藏夹、分享模板、搜索模板、固定目录栏等功能选项。

3.资源导航

资源导航区主要为用户提供使用 FineBI 产品的学习资源，包含 FineBI 的帮助文档、各类教程、资源导航及交流平台，帮助用户更好更快地掌握和适应 FineBI 工具。

4.消息提醒和账号设置

消息提醒主要用于提示用户系统通知的消息。账号设置中可以修改当前账号的用户名和密码，也可以修改绑定的手机和邮箱。或者，直接选择"退出"，即退出当前账号，返回FineBI 登录界面。

三、FineBI 可视化基本流程

Fine BI 可视化
基本流程视频

在 FineBI 中，按照数据处理的阶段和工作内容的不同，可将实现数据可视化的过程分为三个阶段：数据准备、数据加工和可视化分析。整个环节是单向的，且不可逆。每个环节都是独立的一环，其输出可作为下一环节的输入。每个阶段面向的操作对象和具体流程如图 5-7 所示。

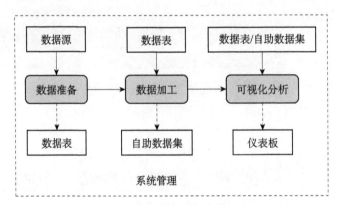

图 5-7　FineBI 可视化过程的三阶段

1.数据准备

在实际业务中，企业的数据源往往涉及多种，常见的包括各类数据文件及各类数据库等。数据准备旨在建立 FineBI 与数据源之间的连接，通过将不同数据源中的数据进行汇总、分类管理和基础配置，从而为后期的数据加工和可视化分析铺好道路。FineBI 的数据准备过程包括新建数据连接、业务包管理和数据表管理。

（1）新建数据连接。FineBI 提供了各类数据库的连接接口，并且支持自定义数据库连接。我们以数据库连接为例，用户可以通过如图 5-8 所示"管理系统"入口，在"数据连接"目录下选择"数据连接管理"选项，再单击"新建数据连接"，此时，选择相对应数据库类型，填写对应的数据库信息，即可创建 FineBI 数据决策系统与所选数据库的连接。FineBI中常见的连接数据库类型如图 5-9 所示。

图 5-8　新建数据连接

图 5-9　FineBI 常见连接数据库类型

（2）业务包管理。由于数据可视化设计都有固定的业务场景，因此使用到的数据也需要分门别类。为了让可视化分析过程更有条理，更贴合企业的数据运营管理过程，FineBI 提供了业务包管理功能，可以基于不同的业务主题创建不同的业务包来对数据表进行分门别类的存放与管理。

如图 5-10 所示，在 FineBI 数据决策系统中，单击左侧"数据准备"菜单即可看到以业务包形式展示的数据列表，用户可以根据需要添加业务包，或者对业务包进行分组、重命名、删除等操作。

图 5-10　添加业务包

（3）数据表管理。数据表是业务包下数据存储的最小单元。数据表管理是指在业务包中添加已有数据连接中的数据库表或上传 Excel 数据表，并且对数据表进行编辑、关联配置、血缘分析等操作，供后续数据分析使用，如图 5-11 所示为数据表管理界面。

图 5-11　FineBI 数据表管理界面

2. 数据加工

通常情况下，原始数据并不能直接用于数据可视化分析，往往需要重新转换、加工处理后才可用。针对数据加工处理的需求，FineBI 内置了自助数据集的功能，将原始的基础数据加工后转化成为后续可用于可视化分析的数据集，此过程也被称为数据加工过程。数据加工过程包含新建自助数据集和自助数据集操作。

（1）新建自助数据集。业务人员通过创建自助数据集对管理员已创建的数据表进行字段的选择，并可进行数据再加工处理等操作，保存以供后续前端分析。进入 FineBI 任意一个业务包，在数据表管理界面中单击"添加表"按钮，选择"自助数据集"命令即可向该业务包中添加自助数据集，如图 5-12 所示。

图 5-12　添加自助数据集

（2）自助数据集操作。新建自助数据集后，用户可以根据自身的需求选择数据表字段。完成后可以对自助数据集进行一系列的基础管理，并且可以对自助数据集中的数据进行加工，包括过滤、新增列、分组汇总、排序、合并等。

3. 可视化分析

FineBI 中，数据可视化分析主要是通过可视化组件和仪表板来实现的。每个可视化组件可理解为一个可视化对象或者可视化图表，而仪表板又是可视化组件的容器。我们可以将单个或者多个可视化组件放入一个仪表板中，继而实现多维信息的展现。下面，我们将针对可视化组件和仪表板分别进行介绍。

（1）可视化组件。在每个可视化组件中，通过在各种内置图表或表格模型中添加来自数据表的维度或指标字段，从而实现可视化组件的构建和展示。

可视化组件工作区就是用于可视化组件设置的区域，我们可以对图表类型、数据维度和指标、图表样式等进行分门别类的设置。可视化组件工作区如图 5-13 所示，我们可以看到它被划分为 6 个区域，分别是维度、指标、图表类型、属性/样式面板、横纵轴和图表预览区域。

图 5-13　可视化组件工作区

"维度"和"指标"区域用于存放当前数据表的各个字段。通常文本型字段会显示在维度区域中，数值型字段会显示在指标区域中。FineBI 会自动识别维度和指标，并显示在对应区域下。

"图表类型"区域中内置了多种图表组件的类型，包括柱形图、折线图、瀑布图、散点图、分组表、交叉表及自定义图表等。用户可自由创建可视化对象模型并进行填充。

"横纵轴"区域存放的是用于填充需要分析的数据字段，字段可以从"维度"和"指标"区域中进行选择，然后将其拖入相应位置即可。当"图表类型"选择为表格时，该区域显示为"维度/指标"。

"属性/样式面板"区域的作用为调整图表组件的属性和样式参数，主要用于美化图表。

"图表预览"区域用来展示可视化分析结果，结果随用户操作进行实时调整。

（2）仪表板。仪表板是图片、表格等可视化组件的容器，能够满足用户在一张仪表板中同时查看多张图表，将多个可视化组件放到一起进行多角度交互分析的需求。值得一提的是，在 FineBI 创建可视化组件前，必须要先创建一个仪表板，可见仪表板是一项永远绕不开的话题。

那么，如何创建一个仪表板呢？进入 FineBI 数据决策平台，单击左侧"仪表板"菜单，再单击"新建仪表板"选项，设置仪表板名称和位置后单击"确定"按钮，如图 5-14 所示，由此进入仪表板工作区界面，如图 5-15 所示。

图 5-14　新建仪表板

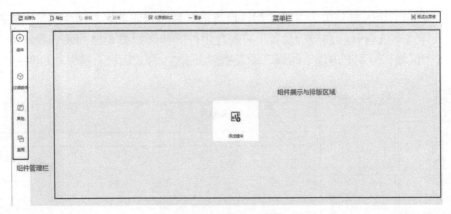

图 5-15　仪表板工作区

仪表板工作区用于设计仪表板的组件排版和样式属性等。仪表板工作区分为组件管理栏、菜单栏和组件展示与排版 3 个区域。组件管理栏用于向仪表板中添加可视化组件，包括图表组件、过滤组件和展示组件，还可以在仪表板中复用已有的组件。菜单栏用于移动、导出及调整仪表板样式等。组件展示与排版区域则用于显示当前仪表板中已经添加的可视化组件（空白仪表板仅在中间位置设置了"添加组件"按钮），用户可以在这个区域对组件进行排版和一些调整操作。

 任务实施

制作第一个FineBI可视化仪表板

制作第一个
FineBI 可视化仪
表板

导入"空调零售明细表"数据，制作第一个 FineBI 数据可视化分析仪表板。
1. 导入数据
在"数据准备"菜单下，选择"添加分组"，将组名改为"空调零售数据"，如图 5-16 所示。

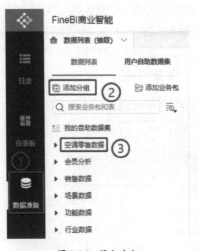

图 5-16　添加分组

单击"空调零售数据"分组右边的"+"号，添加"业务包"，将业务包命名为"品牌空调数据"，如图 5-17 所示。

图 5-17　添加业务包

单击"品牌空调数据"业务包，进入添加页面，单击"添加表"按钮后，选择"Excel 数据集"，如图 5-18 所示，在弹出的窗口中选择本机目录中的"空调零售明细表 .xlsx"。

图 5-18　添加 Excel 数据集

此时，选中的表格已被加载到界面中。修改表名为"空调零售明细表"，然后单击右上角的"确定"按钮，如图 5-19 所示。

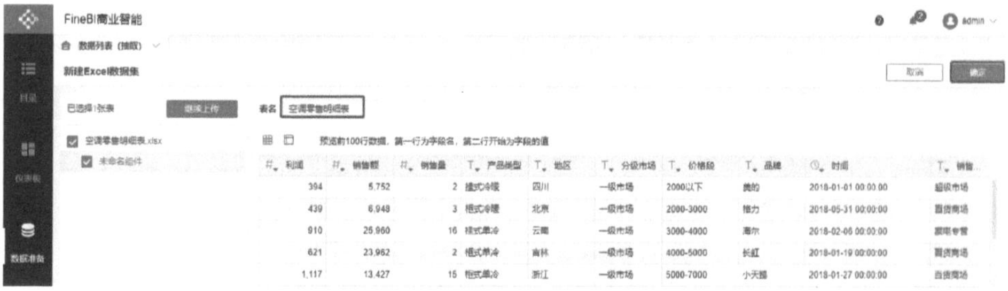

图 5-19　添加表数据

至此，我们完成了"空调零售明细表"的导入，如图 5-20 所示。当然，我们还可以使用同样的方法导入更多数据。

图 5-20　数据导入成功

2. 制作仪表板

在前面数据导入的基础上，我们再来制作一个"品牌空调销量仪表板"。

①创建仪表板。在"空调零售明细表"的数据表界面中，如图 5-20 所示，单击右上角的"创建组件"按钮，在弹出的窗口中输入新建仪表板的名称"品牌空调销量仪表板"，存放的位置可自选，这里默认为"仪表板"目录下，完成后单击"确定"按钮，如图 5-21 所示。

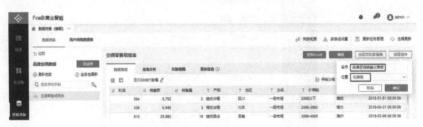

图 5-21　创建仪表板

②创建组件。在可视化组件设计界面中，选择"图表类型"为"多系列柱形图"，然后将左侧数据区域中"维度"栏下的"品牌"字段拖到组件设计区的"横轴"输入框中，将"指标"栏下的"销售量"字段拖到组件设计区的"纵轴"输入框中。此时，图表的架构已经基本形成，可以看到空调各品牌的销量数据，如图 5-22 所示。

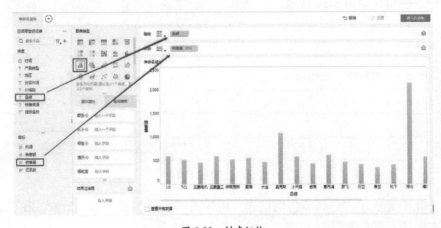

图 5-22　创建组件

③美化组件。修改图表的标题, 即组件的标题。单击如图 5-23 所示的图表标题输入框即会弹出"编辑标题"对话框, 如图 5-24 所示。在该对话框中输入标题"空调品牌销量排名", 设置字体为 16 号, 加粗。

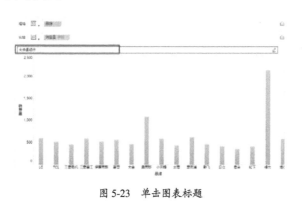

图 5-23　单击图表标题

图 5-24　编辑图表标题

在"组件样式"选项卡下, 取消勾选"轴线""横向网格线"和"纵向网格线"选项框; 然后在"背景"下拉框下, 将"标题背景"颜色与"组件背景"颜色均设置为"紫色"。此时, 图表效果如图 5-25 所示。

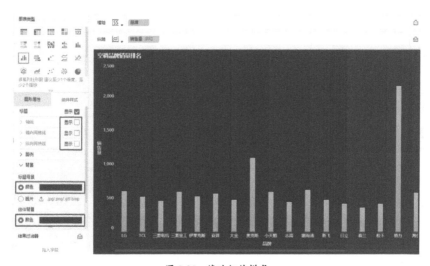

图 5-25　修改组件样式

当然，为了用户更易于观察，我们还可将品牌按照销量降序排序。单击横轴中的"品牌"字段，选择"降序"，并以"销售量（求和）"降序，如图 5-26 所示。此时图表也会实时做出调整。

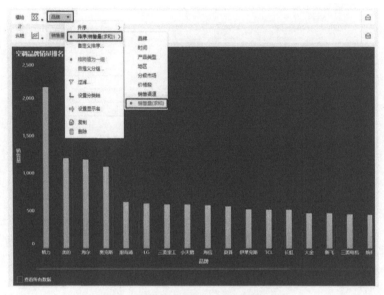

图 5-26　设置"销售量（求和）"降序排序

当品牌数量较多时，我们往往只需要显示排名最靠前的数据，这里就可以使用"过滤器"了。同样单击横轴中的"品牌"字段，选择"过滤"选项，如图 5-27 所示。在跳出的对话框中选择"添加条件"，如图 5-28 所示。此处，根据"销售量（求和）"字段，将"最大的 N 个"过滤出来。我们在本例中可设置"N"为 12，也就是将排名最靠前的 12 个品牌的销售量展示出来。

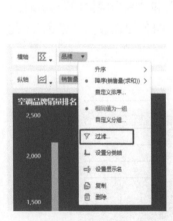

图 5-27　选择过滤

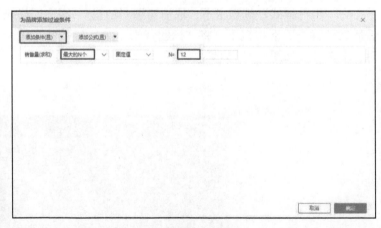

图 5-28　添加过滤条件

当前，我们已将图表制作完成。单击右上角的"进入仪表板"按钮，如图 5-29 所示，就可以进入仪表板界面了。仪表板界面如图 5-30 所示。此时，我们在 FineBI 中的第一个仪表板就做好了。若想导出，只要单击屏幕靠左上方的"导出"按钮，就可以以 Excel 文件或者 PDF 格式导出保存至本地。

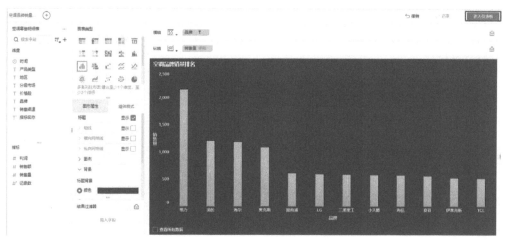

图 5-29　进入仪表板

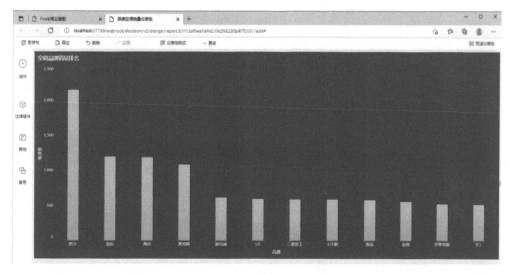

图 5-30　仪表板界面

拓展训练

制作空调销量分析可视化仪表板

在前面任务中，我们制作了"品牌空调销量仪表板"。该仪表板中只有一个可视化组件，展示了排名前 12 位空调品牌的销量。然而，在实际业务场景中，对于空调销量的分析往往不止"品牌"这一个维度。根据"空调零售明细表"中的字段分析（见图 5-31），我们还可以对空调的类型、销量趋势、价格区间等进行多维度分析，从而生成一个更加全面的可视化分析仪表板，如图 5-32 所示。

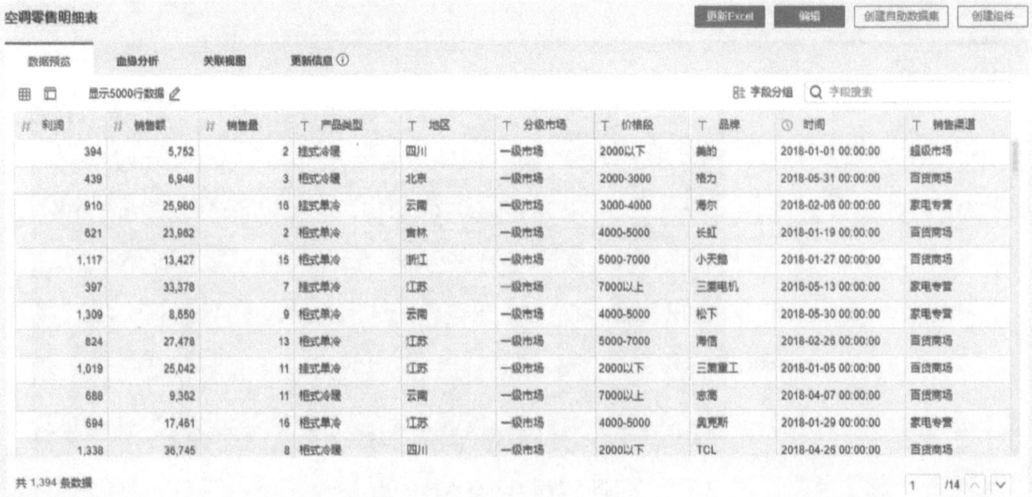

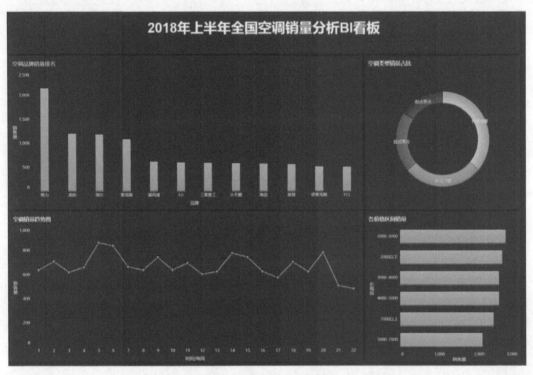

图 5-31　空调零售明细表

图 5-32　空调销量分析仪表板

那么，在以上"品牌空调销量仪表板"的基础上，如何实现此仪表板的制作呢？我们一起来逐个创建组件。

一、制作空调类型销量占比图

在上述生成的"品牌空调销量仪表板"中，单击左侧的"组件"按钮，如图 5-33 所示，进入可视化组件工作区页面中。

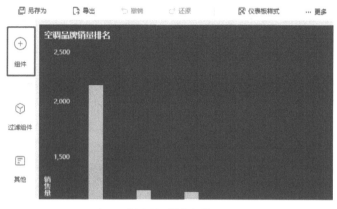

图 5-33 添加组件

（1）创建组件。在可视化组件工作区页面中，将左侧"指标"栏下的"销售量"字段拖入"图形属性"栏下的"角度"输入框中，使得圆环图的分类依据"销售量"的占比大小进行分割。再将"销售量"字段拖入"图形属性"栏下的"提示"输入框中。每当鼠标悬浮于各部分环形上时，都会出现销售量相关的提示。另外，将"维度"栏下的"产品类型"字段分别拖入"图形属性"栏下的"颜色"和"标签"输入框中，如图 5-34 所示。

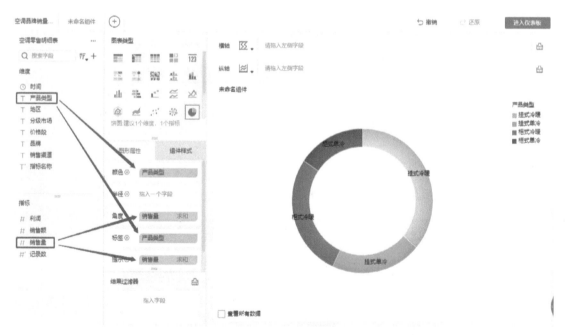

图 5-34 初始化圆环图

为了使得光标悬浮于圆环上时可显示各部分的占比，我们在"图形属性"栏下的"提示"输入框中单击"销售量"字段右侧的小三角，选择"快速计算"，再选择"占比"，如图 5-35 所示。此时，在图表显示区域中，当我们的光标悬浮在各个部分上时，就可清楚地查看各部分的占比情况了，如图 5-36 所示。当然，我们也可以通过"标签"中的"产品类型"右侧的小三角进行"销售量（求和）"降序排序，设置原理类似，这里不再赘述。

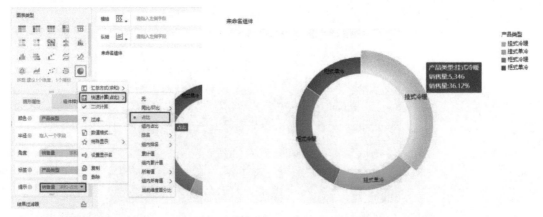

图 5-35　设置显示占比　　　　　　　　　　　　　　图 5-36　显示占比

（2）美化组件。将组件的标题内容设置为"空调类型销量占比"，字体大小为16号，加粗；取消显示图例，如图 5-37 所示；修改标题背景和组件背景为同色系"紫色"，如图 5-38 所示。

　　　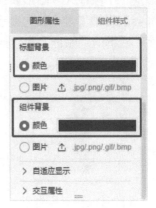

图 5-37　取消勾选图例　　　　　　　　图 5-38　设置背景颜色

此时，空调类型销量占比图如图 5-39 所示。

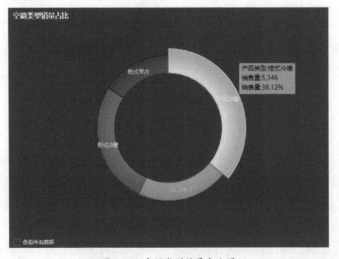

图 5-39　空调类型销量占比图

二、制作空调销量趋势图

（1）创建组件。同样在"品牌空调销量仪表板"中添加"组件"，进入可视化组件工作区页面中。在工作区界面中，选择"多系列折线图"组件，将"维度"栏下的"时间"拖入"横轴"选项框中，将"指标"栏下的"销售量"拖入"纵轴"选项框中，如图 5-40 所示。这样，初步的折线图就已形成。

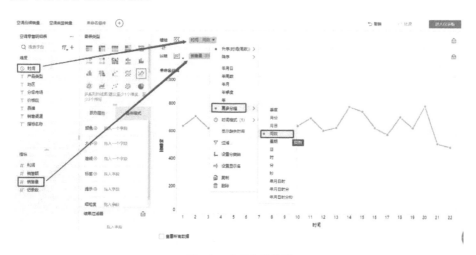

图 5-40　初始化折线图

由于折线图中的 x 轴为日期时间，数据标签过长，我们可以单击横轴中"时间"字段右侧的小三角，选择"更多分组"，再选择"周数"。此时，折线图 x 轴中的时间就以周数为粒度进行展现了，如图 5-40 所示。

（2）美化组件。将图表的标题内容设置为"空调销量趋势图"，字体大小为 16 号，加粗；取消勾选"横向网格线"选项框；修改标题背景和组件背景为"紫色"，如图 5-41 所示。这里由于 x 轴为周数，因此需要修改 x 轴坐标轴标签为"时间/周数"。双击横轴中的"时间"字段或单击其小三角后选择"设置显示名"，即可实现对 x 轴标签的修改，如图 5-42 所示。

图 5-41　组件样式设置

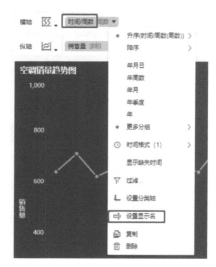

图 5-42　设置显示名

此时，空调销量趋势图如图 5-43 所示。

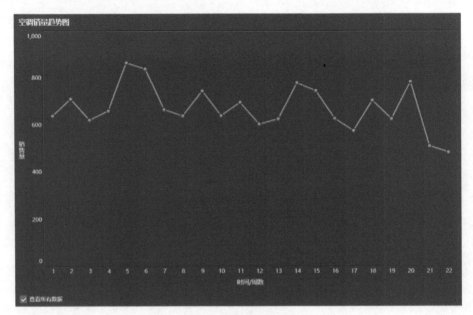

图 5-43　空调销量趋势图

三、制作各价格区间销量展示图

（1）创建组件。添加新组件，在工作区界面中，选择"对比柱状图"组件，然后将"维度"栏下的"价格段"拖入"纵轴"选项框中，将"指标"栏下的"销售量"拖入"横轴"选项框中，如图 5-44 所示。

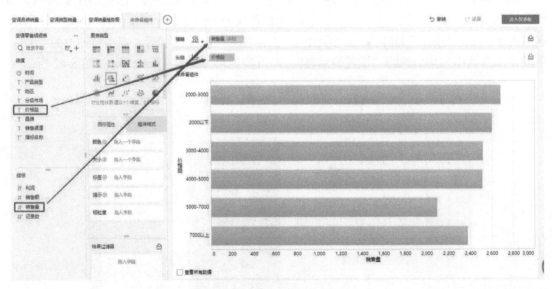

图 5-44　初始化对比柱状图

此时，条形图已基本完成搭建。但一般情况下，我们会将条形图中的条形按降序排序。因此在此处，我们要将条形图以"销售量"字段降序排序。选中"纵轴"中的"价格段"字

段，单击右边的小三角，选择"降序"，再选择"销售量（求和）"，如图 5-45 所示，就可以
实现降序排序了。

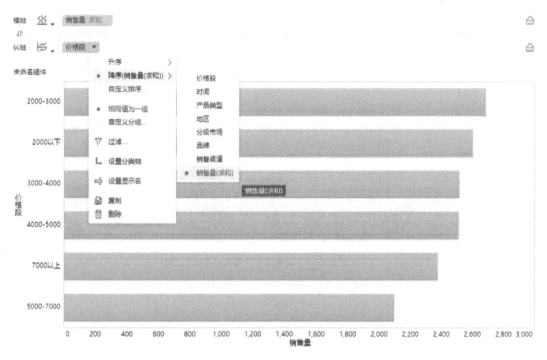

图 5-45　设置"销售量（求和）"降序排序

（2）美化组件。将图表的标题内容设置为"各价格区间销量"，字体大小为 16 号，加
粗；取消勾选"纵向网格线"选项框；修改标题背景和组件背景为"紫色"，如图 5-46 所示。

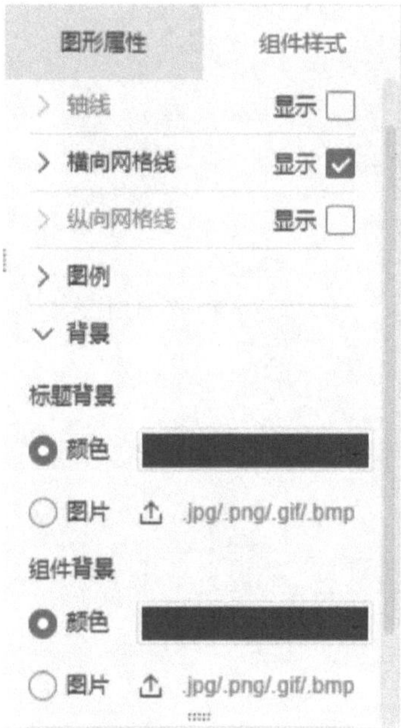

图 5-46　美化组件

完成设置后，各价格区间销量条形图如图 5-47 所示。

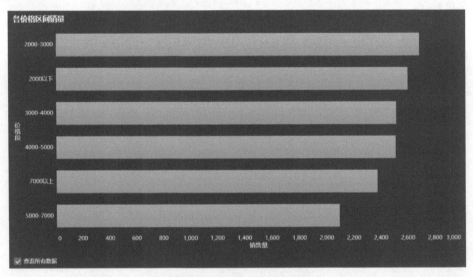

图 5-47　各价格区间销量条形图

四、添加仪表板标题

以上我们已经完成了 4 个组件的添加，若我们单击任意一个组件设计界面的右上方"进入仪表板"按钮，就可进入仪表板工作区页面了，如图 5-48 所示。在此界面中，组件的排版有些无序，用户第一次看到仪表板时并不能一眼就读出仪表板所展示的主题。因此，我们最好在仪表板的上方添加一个仪表板的文字标题。

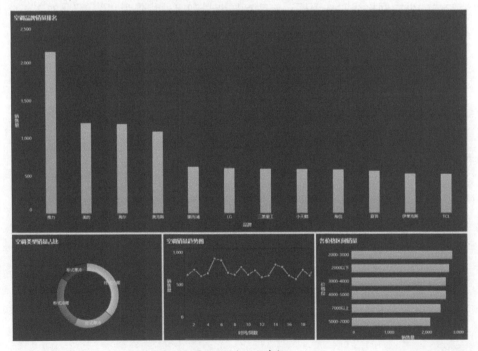

图 5-48　初始仪表板

如何添加仪表板中的文字标题呢？在仪表板工作区界面的左侧选择"其他"，再选择"文本组件"，如图 5-49 所示。此时，界面中会出现一个新的纯文本组件，如图 5-50 所示。

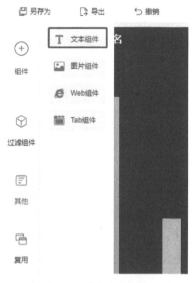

图 5-49　添加文本组件

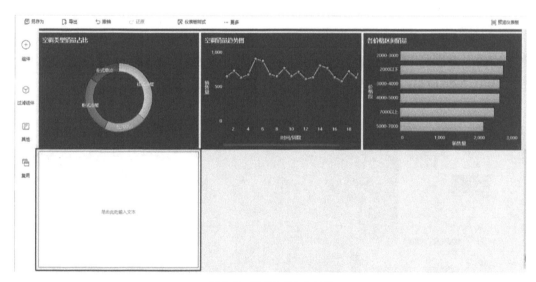

图 5-50　界面显示文本组件

将文本组件手动拉宽至仪表板屏幕宽度，再在文本组件中输入"2018 年上半年全国空调销量分析 BI 看板"，选中文字，将字体设置为 40 号，白色，加粗，居中显示，如图 5-51 所示。

图 5-51　编辑文本组件

调整文本组件到适当高度，将光标放在该组件的边框位置，待光标显示为一只白色小手时，单击组件，将其挪至仪表板最上方区域。同理，也可调整其他几个组件的位置和大小，调整好的仪表板如图 5-52 所示。

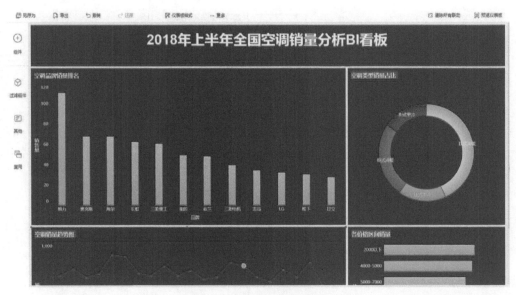

图 5-52　初步调整后的仪表板

仔细观察，我们会发现各组件间仍会有空隙的存在，非常影响美观。此时，在仪表板工作区页面的上方单击"仪表板样式"，在左边弹出的"仪表板"栏目下单击颜色，选择"深蓝色"，如图 5-53 所示。选择完成后，单击左下角的"确定"按钮。

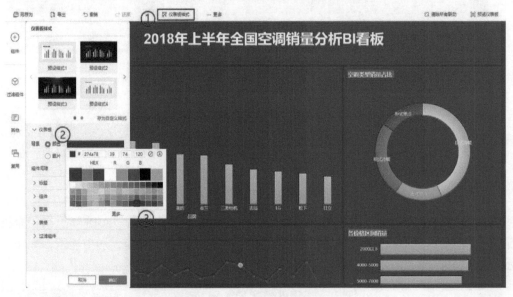

图 5-53　设置仪表板背景颜色

此时，整个空调销量分析的 BI 看板就做好了，与我们的目标仪表板样式无二，如图 5-54 所示。

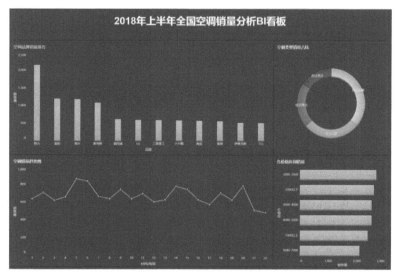

图 5-54　2018 年上半年全国空调销量分析 BI 看板

 任务总结

（1）FineBI 是帆软软件有限公司推出的一款商业智能产品，本质是通过分析企业已有的信息化数据，发现并解决问题，辅助决策。

（2）FineBI 可视化分析工具由于其具备全可视化操作和对大数据良好的支持，被广泛应用于金融、电信、地产、制造、医药、物流等行业。

（3）在 FineBI 中，按照数据处理的阶段和工作内容的不同，可将实现数据可视化的过程分为三个阶段：数据准备、数据加工和可视化分析。

（4）FineBI 中，数据可视化分析主要通过可视化组件和仪表板来实现。仪表板又是可视化组件的容器，将单个或者多个可视化组件放入一个仪表板中，即可实现多维信息的展现。

任务二　FineBI 可视化实战案例

任务目标

掌握 FineBI 中仪表板的制作。

任务分析

（1）FineBI 在企业业务分析及可视化场景中有哪些应用？

（2）如何对具体的业务选择恰当的可视化图表？

（3）如何在 FineBI 中设计可视化组件和仪表板？

（4）如何基于 FineBI 可视化分析结果为企业提供经营决策？

 基础知识

FineBI应用场景

Fine BI 可视化
实战视频

随着互联网中数据呈倍数地增长，如何将这些批量数据进行清洗、筛选、整合、分析并最终实现可视化是这个时代中十分重要的课题。企业对于自助式 BI 工具的需求，已经刻不容缓。企业需要强有力的 BI 工具的支撑，向下帮助 IT 部门做好数据管控，向上充分利用底层数据，支撑前端业务数据应用。而 FineBI 这类自助式 BI 工具的涌现，大大降低了数据分析的门槛。其数据分析体验涵盖了数据采集与整合、数据存储、数据分析和数据可视化，乃至数据挖掘和深度分析的全流程，助力企业数据化智慧运营，为各行各业带来了新的希望。

总的来说，目前 FineBI 工具的应用场景已经涵盖了金融、电信、地产、制造、医药、物流等行业，且每个行业中的组织都在使用商业智能来赋予其员工以洞察力，从而推动更好地决策，提高业务绩效。以下是组织中主要部门经常使用的一些关键 BI 策略。

财务团队：优化费用管理，增强预测、预算和计划，并更好地管理收入、风险和合规性。

销售团队：发现市场趋势和销售机会，衡量销售业绩并预测销售渠道。

供应链管理团队：可以在预测和计划、采购和供应商绩效以及运输方面做出更好的决策。

人力资源团队：通过整体分析整个组织的劳动力、福利和招聘数据来提高运营效率。

IT 团队：通过发现未充分利用的系统和应用程序来优化数据治理、安全性和可扩展性，同时降低成本。

营销团队：可以通过更好的客户细分、定位和活动分析，以及预测新业务计划的绩效来提高投资回报率。

FineBI 旨在帮助企业的业务用户充分了解和利用数据。大数据时代到来后，传统的数据分析方式需要改变，自助式 BI 工具 FineBI 的出现解放了 IT 人员的劳动力，提高了业务人员对业务的洞察力，也给企业的数据化智慧运营提供了全新的视角和体验。

 任务实施

物流流向分析

物流，连接生产者、销售者和消费者之间的网络体系，在现代经济中扮演着越来越重要的角色。数据显示，2020 年中国社会物流总额达到 300.1 万亿元；快递业务量突破 800 亿件，业务收入将近 8800 亿元。但如此庞大的货运规模、加速增长的数据信息需求，也给物流行业发展带来巨大压力。降低

物流流向分析
视频

物流成本、提高运行效率、提升发展质量，智慧物流建设已经成为推动物流行业转型升级的重要突破口。

智慧物流通过大数据、场景算法、物联网技术，对物流管理和服务进行全方位的分析，找到物流服务的问题所在，提高物流服务质量，用数据支撑决策，转变产业发展方式。然而，智慧物流的关键是实现全面的数据可视化。通过对物流大数据的处理与分析，挖掘对企业运营管理有价值的信息，科学合理地进行管理决策，降低生产成本，提高生产效率，是物流企业的普遍需求。因此，"业务数据化"正成为智慧物流的重要基础，而"数据可视化"则成为"业务数据化"重要的实现手段。

数据可视化对物流行业运输、仓储、分拣、配送、包装、流通加工、客服等全供应链数据进行实时监控与分析，通过快速高效的分析、呈现处理，保证物流的高效与服务品质。下面，以北京某快递公司快递流向分析为例，来学习如何在 FineBI 中实现该场景的数据可视化。

打开"物流流向分析.xlsx"数据文件，如图 5-55 所示，包含了城市、快递线路、经纬度等信息。在物流运营过程中，会产生很多与流向相关的数据，如物流的目的地及对应的物流流量等。因此，在物流运营分析中，物流流向分析是非常有必要的。

	A	B	C	D	E	F	G	H
1	城市	快递线路	Id	编号	件数	经度	纬度	已签收
2	北京市	北京市-三亚市	1	0	297	116.4	39.9	178.79
3	三亚市	北京市-三亚市	2	1	297	109.5	18.25	159.49
4	北京市	北京市-中卫市	3	0	1,325	116.4	39.9	1,005.68
5	中卫市	北京市-中卫市	4	1	1,325	105.18	37.52	1,152.75
6	北京市	北京市-丽水市	5	0	3,134	116.4	39.9	2,290.95
7	丽水市	北京市-丽水市	6	1	3,134	119.92	28.45	1,911.74
8	北京市	北京市-乌鲁木齐市	7	0	667	116.4	39.9	598.97
9	乌鲁木齐市	北京市-乌鲁木齐市	8	1	667	87.62	43.82	266.13
10	北京市	北京市-九江市	9	0	2,184	116.4	39.9	1,900.08
11	九江市	北京市-九江市	10	1	2,184	116	29.7	1,928.47
12	北京市	北京市-伊春市	11	0	528	116.4	39.9	335.81
13	伊春市	北京市-伊春市	12	1	528	128.9	47.73	175.82
14	北京市	北京市-保定市	13	0	1,475	116.4	39.9	1,255.23
15	保定市	北京市-保定市	14	1	1,475	115.48	38.05	561.98

图 5-55 物流流向分析数据

针对以上问题，我们可以在 FineBI 中构建物流流向仪表板，根据各关键指标进行可视化分析与设计。基于以上数据，我们可以大致列出分析的内容和指标，如表 5-2 所示。

表5-2 物流流向分析问题及分析维度

分析主题	分析问题	分析维度
物流流向分析	物流的目的地分析	流出城市、流入城市、发货件数
	物流流转情况分析	流向城市、发货件数排名、发货占比排名
	地域分布情况分析	发货城市、收货城市、总件数、已签收、占比
	关键 KPI 指标分析	总签收件数、总发货件数、总签收占比

下面，根据各个问题，需要逐一进行可视化设计。不过在此之前，我们统一在 FineBI 中创建名为"物流数据"的数据集，在此数据集下创建"某物流公司数据"业务包，如图 5-56 所示，并在此业务包中添加"物流流向分析.xlsx"数据表，如图 5-57 所示。

图 5-56 创建"某物流公司数据"业务包

图 5-57 添加物流流向分析数据

一、物流的目的地分析

在物流数据分析中，为了能更直观生动地展现物流流向信息，我们通常会使用"流向地图"。其可以直观明了地展现快递从哪里来、到哪里去，以及对应的物流流量的情况。

图 5-58 转换字段的地理角色

那么，我们从新建一个仪表板开始。在图 5-57 的右上角单击"创建组件"，新建一个名为"物流流向数据"的仪表板，由此进入可视化组件设计界面。

在进入可视化组件界面后，由于我们要构建一张地图，而地图中的点由地理上的经度和纬度构成，因此先需要将"指标"栏下的"经度"和"纬度"字段转换为地理角色中的经度和纬度，如图 5-58 所示。

（1）创建组件。转换完成后，选择构建"图形类型"中的"多系列折线图"；将"指标"栏下的"经度"和"纬度"字段分别拖曳到"横轴"和"纵轴"文本框中；再将"指标"栏下的"件数"字段分别拖曳到"图形属性"栏下的"颜色"和"标签"文本框中；将"维度"栏下的"城市"和"快递路线"字段拖曳到"细粒度"中，如图 5-59 所示。此时，地图已基本呈现雏形。

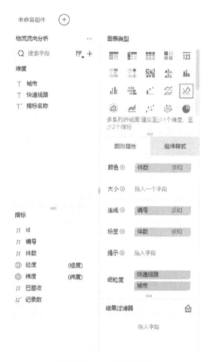

图 5-59 初始化地图

（2）美化组件。单击"图形属性"栏下"连线"中的"编号（求和）"字段，选择"特殊显示"，再选择添加"闪烁动画"，如图 5-60 所示，进入"闪烁动画编号（求和）"对话框，如图 5-61 所示，可自行调整动画时间间隔，然后单击"确定"按钮即可。

图 5-60 添加特殊显示

图 5-61　添加闪烁动画

修改组件的名称为"目的地流向分析"，取消显示图例，并将组件背景设置为"雅士灰"，即可查看地图的特效，如图 5-62 所示。

图 5-62　目的地流向分析地图设置

二、物流流转情况分析

物流系统中，按照各个城市的快递业务量，往往需要安排合理的物流资源，以此来提高运输和配送效率，减少成本，并在最大限度上满足客户服务的需求。因此，我们需要对物流的流转效率进行实时监控，在仪表板中展示物流流向前 10 的城市和签收比例前 10 的城市。

1. 物流流向前 10 城市

（1）添加新组件。选择"自定义图表"，将"图形属性"下的"图表类别"改为"文本"；再将"维度"栏下的"城市"字段拖曳到"纵轴"文本框中；将指标下的"件数"拖入"图形属性"栏下的"颜色"和"文本"中，如图 5-63 所示。

图 5-63　初始化自定义图表

再次将"指标"栏下的"件数"拖入"图形属性"下的"文本"中，并单击第二个"文本"字段，选择"快速计算"，再选择"占比"，使得第一个"件数"展现快递发货量，第二个"件数"展现占比数据，如图 5-64 所示。

图 5-64　设置字段显示格式

选中"纵轴"中的"城市"字段，单击右侧的下拉按钮，选择"降序"，并以"件数（求和）"字段降序，如图 5-65 所示。再次选中"纵轴"中的"城市"字段，单击右侧的下拉按钮，选择"过滤"，添加如图 5-66 所示的过滤条件。

图 5-65　按照"件数（求和）"降序排序

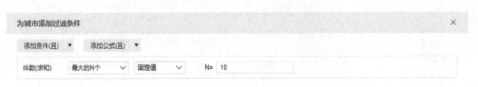

图 5-66　添加过滤条件

（2）美化组件。单击"图形属性"栏下的"颜色"右边的设置项，选择"渐变方案"为"热力1"，如图 5-67 所示；再单击"文本"右边的设置项，进入"编辑文本"对话框中，修改"件数（求和）"字段与"件数（求和-占比）"字段的排版，将其字号设置为 20，如图 5-68 所示。

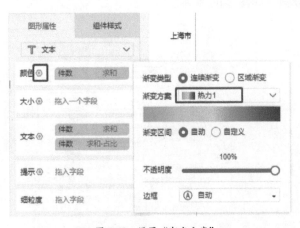

图 5-67　设置"渐变方案"

图 5-68　设置文本显示

最后，取消显示图例；添加组件标题为"流向 TOP10 城市"，将自适应模式改为"整体适应"，效果如图 5-69 所示。

图 5-69 流向 TOP10 城市信息表

2. 签收比例前 10 城市

（1）添加新组件。进入可视化组件工作区界面后，新增加一个名为"签收比例"的指标。在"指标"栏的右上方单击"+"号，创建新指标。设置指标名称为"签收比例"，指标值为"SUM_AGG(已签收)/ SUM_AGG(件数)"，然后单击"确定"按钮，如图 5-70 所示。

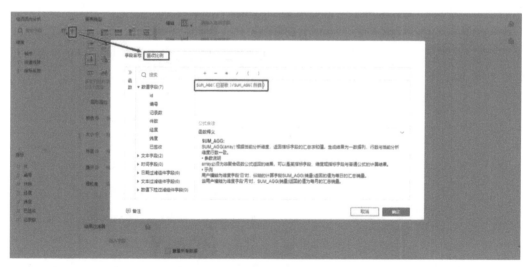

图 5-70 添加新指标

选择添加"多系列柱形图"，将"维度"区域中的"城市"字段拖曳到"纵轴"中；将"指标"区域中的"签收比例"字段拖曳到"横轴"中；并单击"纵轴"中的"城市"字段右侧的下拉按钮，选择以"签收比例（聚合）"降序排序，如图 5-71 所示。

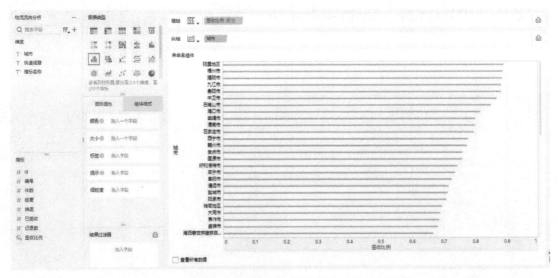

图 5-71　构建条形图

再次单击"纵轴"中的"城市"字段右侧的下拉按钮，选择"过滤"，并添加如图 5-72 所示的过滤条件，只显示签收比例排名前 10 的城市。

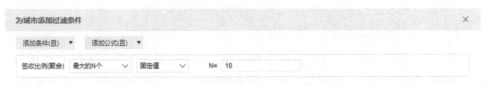

图 5-72　添加过滤条件

（2）美化组件。将"城市"字段拖曳到"图形属性"栏下的"颜色"中，设置"配色方案"为"柔彩"，如图 5-73 所示；将"签收比例"字段拖曳到"标签"中，并将其数值格式设置为"百分比"，如图 5-74 所示；单击"大小"文本框旁边的设置按钮，设置柱宽、圆角参数，如图 5-75 所示。

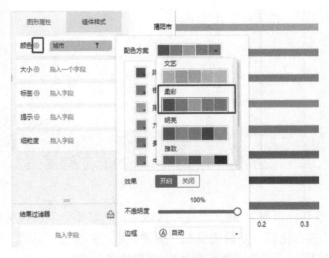

图 5-73　设置"配色方案"

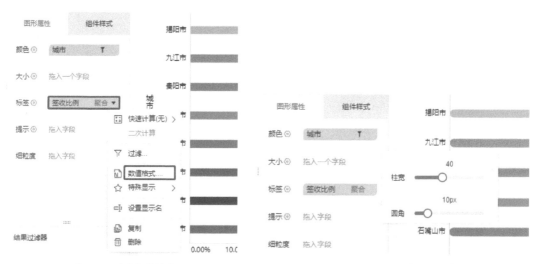

图 5-74 设置数值格式   图 5-75 设置柱宽、圆角参数

最后，修改组件标题为"签收比例 TOP10 城市"，取消显示图例，可视化效果如图 5-76 所示。

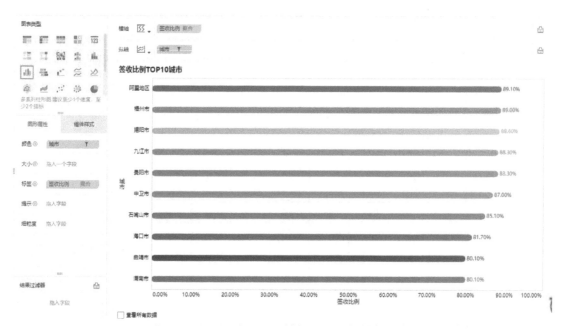

图 5-76 签收比例 TOP10 城市条形图

三、地域分布情况分析

为了掌握快递的流向，我们可制作快递明细表展现快递的发货城市、发货路径、件数及签收情况等，以达到直观显示的效果。

（1）添加新组件。在"指标"区域中，添加名为"比例"的新指标，其计算公式如图 5-77 所示。

图 5-77　添加新指标

选择添加"明细表",将"城市""快递线路""件数""已签收""比例"字段拖入"数据"文本框中,修改"城市"字段名称为"发货城市",生成明细表,如图 5-78 所示。

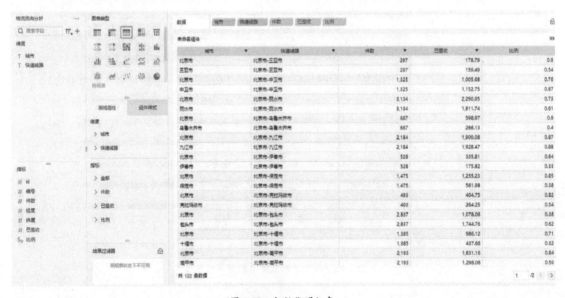

图 5-78　初始化明细表

(2)美化组件。将"数据"文本框中的"比例"字段的数据格式修改为"百分比";将"比例"字段拖入"表格属性"中"比例"字段下的"形状"文本框中,单击"形状"旁边的设置按钮添加图标,如图 5-79 所示。

图 5-79　添加小标签

最后，为明细表添加组件标题为"区域分布明细"，在"组件样式"栏下修改风格为"风格 2"，修改主题色如图 5-80 所示，由此完成该组件的制作。

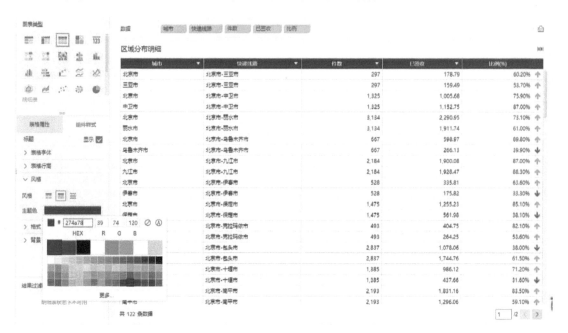

图 5-80　修改主题色

四、关键 KPI 指标分析

上述组件制作完成后，仪表板中所需的组件已基本完成了。但为了使仪表板中的某些关键指标更加引人注目，我们通常会在仪表板中添加关键指标卡，如添加下面我们即将制作的发货总件数、总签收件数、签收总占比等指标。关键指标卡制作的方式基本相同，我们以发货总件数为例进行讲解。

（1）添加新组件。选择"自定义图表"，将"图形属性"下的"图表类别"改为"文本"；再将"指标"栏下的"件数"字段拖曳到"图形属性"栏下的"文本"文本框中，如图 5-81 所示。

图 5-81　添加 KPI 标签

单击"文本"标记旁边的设置按钮，并编辑文本，如图 5-82 所示。此处可分别设置文本字体格式和显示的指标字体格式。

图 5-82　编辑标签文本

同理，可依次创建总签收件数、签收总占比指标卡，三个指标完成后，如图 5-83 所示。

图 5-83　完成三个标签的添加

进入仪表板，在仪表板中的"其他"菜单中，选择添加"文本组件"，如图 5-84 所示。在插入的文本组件中，编辑文本内容为"北京市 XX 快递流向分析"，字号为 64 号，居中，加粗，效果如图 5-85 所示。

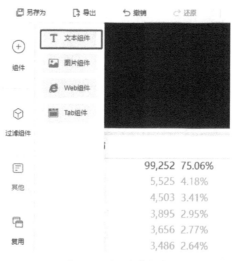

图 5-84　添加文本组件

图 5-85　编辑文本标签

（2）修改仪表板样式。单击仪表板上方的"仪表板样式"选项，选择"预设样式2"，单击"确定"按钮。此时整个仪表板的样式就被替换了，显得更加商务，如图 5-86 所示。

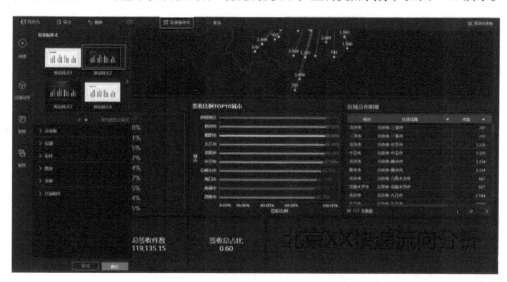

图 5-86　修改仪表板样式

修改文本组件中的字体颜色为"白色"，将文本组件、三个指标卡依次拖到仪表板的最上方，并适当调整各组件的文本、形态和布局，即可生成仪表板，如图 5-87 所示。

图 5-87　北京市 XX 快递流向分析仪表板

拓展训练

物流时效分析

　　在电商领域中，物流时效是影响买家体验的重要环节，物流服务优劣也是买家网上购物时的重要参考依据。但电商企业对于快递公司的时效承诺、服务质量基本处于被动接受的状态，直到买家投诉才知道快递公司服务缺失，若买家不投诉，电商企业也无法主动知道大量的订单是否按照约定的时效送达买家。由于运营者没有独立的关于时效的权威统计数据作为参考，也无法精确量化统计快递服务方一段时间的实际配送时效效果，即使维权也没有凭证依据及衡量标准。因此，多数电商企业迫切希望有合适的平台和工具，解决快递时效监控的缺失问题。

　　下面仍以北京某快递公司为例，该公司提供了物流时效数据，希望为电商企业提供基于该公司物流时效数据的可视化仪表板。那么，如何在 FineBI 平台中实现呢？

　　首先，观察并分析数据。打开"物流时效分析 .xlsx"数据文件，如图 5-88 所示，其中包含了发货省份、收货省份、0.5 天到货量、1～2 天到件量、1 天到件量、2～3 天到件量、3天以上到货量、件量、平均配送时长和已签收等信息。

	A	B	C	D	E	F	G	H	I	J
1	发货省份	收货省份	0.5天到货量	1-2天到件量	1天到件量	2-3天到件量	3天以上到货量	件量	平均配送时长	已签收
2	北京市	北京市	0	56	0	0	0	56	45.74	43
3	北京市	天津市	0	0	885	0	0	885	13.21	690
4	北京市	河北省	0	0	248	0	0	248	17.52	149
5	北京市	山西省	0	231	0	0	0	231	33.63	182
6	北京市	内蒙古自治区	0	0	330	0	0	330	18.86	257
7	北京市	辽宁省	0	0	0	631	0	631	60.41	536
8	北京市	吉林省	0	0	232	0	0	232	22.47	169
9	北京市	黑龙江省	0	362	0	0	0	362	36.32	203
10	北京市	上海市	0	0	155	0	0	155	17.98	78
11	北京市	江苏省	0	0	894	0	0	894	18.15	554
12	北京市	浙江省	0	11	0	0	0	11	32.23	8
13	北京市	安徽省	0	0	114	0	0	114	21.71	83
14	北京市	福建省	0	991	0	0	0	991	41.73	753
15	北京市	江西省	0	0	0	554	0	554	65.66	360

图 5-88　物流时效分析数据

针对物流时效分析的场景及上述数据，我们可以大致列出需要分析的内容和指标，如表 5-3 所示。

表5-3　物流时效分析问题和分析维度

分析主题	分析问题	分析维度
物流时效分析	收货省份物流时效分析	收货省份、发货件数、平均配送时长
		发货省份、收货省份、时效、件量、签收量
	区域间物流时效分析	大区、平均配送时长
	同城物流时效分析	省份、件量、平均配送时长
	各省份配送时效明细，如平均配送时长、0.5 天 /1 天 /2 天 /3 天 /3 天以上配送情况等	发货省份、收货省份、已签收件量、平均配送时长、0.5 天 /1 天 /2 天 /3 天 /3 天以上到货量

下面，根据各个问题逐一进行可视化设计。

在 FineBI 中，找到名为"物流数据"的数据集，在此数据集下的"某物流公司数据"业务包中添加"物流时效分析 .xlsx"数据表，将其命名为"物流时效分析"，如图 5-89 所示。单击右上角的"创建组件"按钮，新建名为"物流时效数据"的仪表板。

图 5-89　物流时效分析数据表

一、收货省份物流时效分析

为了能清晰地展现哪些省份物流时效高，哪些省份物流时效低，我们可以从全国的视角来对收货省份的平均配送时长进行分析，因此，我们可以考虑使用地图来展现。

在可视化组件工作区页面中，首先将"维度"栏下的"收货省份"字段转换为"地理角色"，如图 5-90 所示，由此进入各地区匹配界面，单击"确定"按钮即可。此时，窗口中会自动生成"收货省份（经度）"字段和"收货省份（纬度）"字段，如图 5-91 所示。

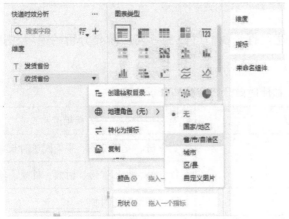

图 5-90　转换字段为地理角色

图 5-91　转换结果字段

（1）创建组件。创建"自定义图表"，设置"图表类型"为"点"，再将"收货省份（经度）"字段和"收货省份（纬度）"字段分别拖入"横轴"和"纵轴"中，如图 5-92 所示，生成初始地图。

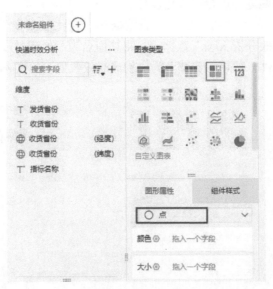

图 5-92　初始化地图

（2）美化组件。将"指标"栏下的"件数"字段拖入"图形属性"下的"颜色"中，并单击"颜色"旁边的设置按钮，设置"渐变方案"为"夕阳"，如图 5-93 所示；将"平均配送时长"字段拖入"大小"中，单击"平均配送时长"右侧的小三角，选择"特殊显示"，如图 5-94 所示，再选择"闪烁动画"添加动画效果，如图 5-95 所示。

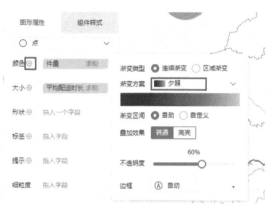

图 5-93 设置渐变方案

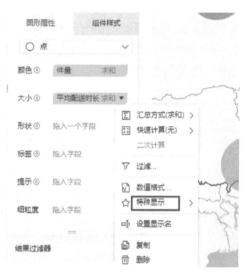

图 5-94 设置特殊显示

图 5-95 添加闪烁动画

最后，添加组件标题为"各省份平均配送时长"，字体大小为 16 号，加粗；取消显示图例；在"组件样式"栏下将"组件背景"设置为"雅士灰"，生成图表效果如图 5-96 所示。

图 5-96　各省份平均配送时长地图

　　观察图表可知，泡泡面积越大，代表该省份的平均配送时长越长，物流效率也就越低。图中泡泡面积最大的省份分别是台湾省、云南省、黑龙江省，说明这些省份值得关注，需要我们查找其原因。相反，江浙沪地区的泡泡普遍较小，说明这些省份的物流时效较高，物流的配送时长普遍较低。

二、各省物流发货速度分析

　　我们将以各省份为单位，了解哪些省份发货速度快，哪些省份发货速度慢，深究其原因，可总结其经验。那么根据"快递时效数据"，我们可以对全国各省市物流发货速度进行分析，查看平均配送时长排名前 10 省市的详细情况，制作明细表。

　　（1）创建新组件。在工作区界面中，选择"明细表"组件，将"发货省份""收货省份""平均配送时长""件量""已签收"字段拖入数据区域；再分别单击数据区域中的"平均配送时长"和"已签收"字段，修改"平均配送时长"字段名称为"时效"，修改"已签收"字段名称为"签收量"，如图 5-97 所示。

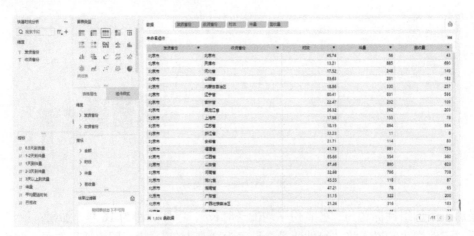

图 5-97　初始化明细表

单击"时效"字段右侧的小三角,添加"过滤"条件,如图 5-98 所示;再在打开的对话框中添加过滤条件,我们将平均时效时长小于 12.5 的省份过滤出来,如图 5-99 所示。

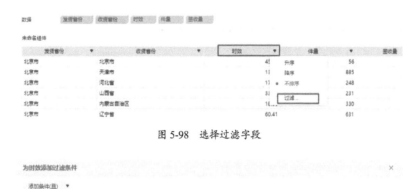

图 5-98 选择过滤字段

图 5-99 添加过滤条件

(2)美化组件。添加组件标题为"时效 TOP10 省份",字号为 16 号,加粗;在"组件样式"栏下的"风格"中,修改明细表的风格为"风格 2",主题色改为"深紫色",明细表最终效果如图 5-100 所示。

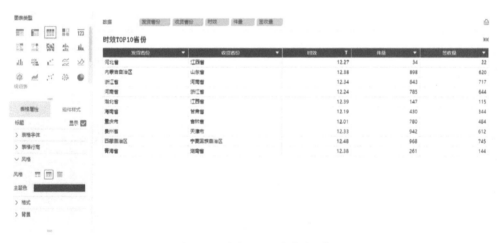

图 5-100 时效 TOP10 省份明细表

三、区域间配送时长情况分析

在物流领域,不同区域间的配送情况也非常值得分析。我们需要研究不同区域间是否存在明显的物流时效的差异?这些差异可能与哪些因素相关?在这里,对不同区域间物流时效的对比可以使用雷达图。

(1)创建新组件。在工作区界面中,选择"自定义组件",设置"图形属性"中的"图形类型"为"线";再将"收货省份"字段拖入"横轴"中,将"平均配送时长"字段拖入"纵轴"中;单击"横轴"中"收货省份"右侧的小三角按钮,选择"自定义分组",如图 5-101 所示。

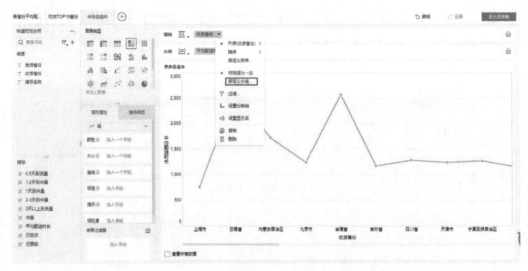

图 5-101　初始化图表

在"自定义分组"对话框中，分别添加"东北""华东""华北""华南""西南""西北"6
个分组，如图 5-102 所示；再将"横轴"中的"收货省份"字段名称修改为"大区"。

图 5-102　添加自定义分组

（2）美化组件。将"平均配送时长"字段拖入"图形属性"栏下的"颜色"和"标签"
中。设置"颜色"中"平均配送时长"的"渐变方案"为"炫彩"，如图 5-103 所示；单击
"连线"旁边的设置按钮，在设置界面勾选"转化为雷达图"复选框，如图 5-104 所示。

图 5-103　修改渐变方案

图 5-104　设置雷达图

（3）调整格式。单击"纵轴"中"平均配送时长"右侧的小三角按钮，选择"设置值轴"，在打开的界面中取消勾选"显示轴标签"选项框；添加组件标题为"各区域间配送时长"，字号为 16 号，加粗；取消显示图例、轴线和网格线。最后，图表呈现如图 5-105 所示效果。

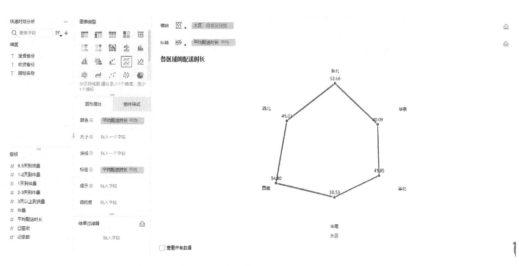

图 5-105　各区域平均配送时长雷达图

四、同城配送情况分析

在物流时效分析中，还需要关注哪些省份的同城配送平均时长超过 3 天，这些省份有什么样的特点？并且是由什么因素导致的？都值得我们关注和重视，我们可以通过组合图来展现。

（1）创建新组件。添加"自定义图表"，将"维度"栏下的"收货省份"拖入"横轴"中，将"指标"栏下的"件量"和"平均配送时长"字段拖入"纵轴"中，并将"平均配送时长"字段修改为"求平均值"；在"图形属性"栏下，将"平均配送时长"下的"图表类型"设置为"线"，生成初始图表如图 5-106 所示。

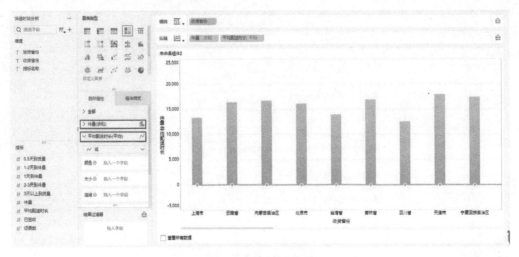

图 5-106　初始化组合图

单击"横轴"中的"收货省份"右侧的下拉按钮，选择以"件量（求和）"降序排序；再分别单击"纵轴"中的"件量"和"平均配送时长"字段右侧的下拉按钮，选择"设置轴值"，并按照如图 5-107 和图 5-108 所示设置左值轴和右值轴。

图 5-107　设置左值轴

图 5-108　设置右值轴

（2）美化组件。在"图形属性"栏下，展开"件量（求和）"字段，单击"颜色"旁边的设置按钮，修改柱形图颜色为"绿色"；展开"平均配送时长（平均）"字段，单击"连线"旁边的设置按钮，修改折线样式为"曲线"，并选择标记点样式为"无"，即不显示折线中的数据点，如图 5-109 所示。

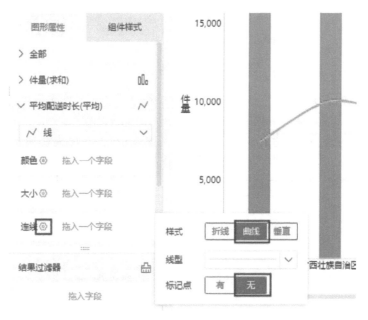

图 5-109　设置曲线样式及标记点样式

（3）添加警戒线。单击"纵轴"中"平均配送时长"右侧的下拉按钮，选择"设置分析线"，再选择"警戒线（横向）"，由此进入警戒线设置对话框中，如图 5-110 所示。添加一条警戒线，设置其名称为"配送超过 3 天"，在函数框中输入数值"72"，不勾选"显示数值"选项框，单击"确定"按钮，警戒线就添加完成了。

图 5-110　添加警戒线

最后，修改组件标题为"同城配送时效分析"，字号为 16 号，加粗；再在"组件样式"栏下设置"自适应显示"为"整体适应"，此时图表样式如图 5-111 所示。

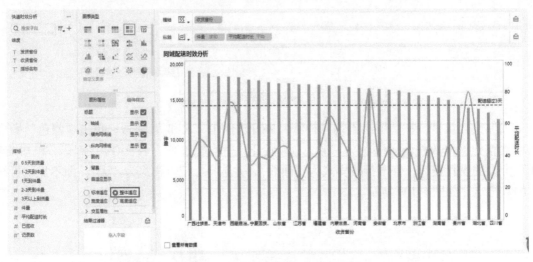

图 5-111　同城配送时效分析组合图

观察图表可发现，有 3 个省份的平均配送时长超过了 3 天，依次是黑龙江省、云南省和台湾省，其中的影响因素值得深挖并加以改进。

当前所有的组件已经构建完成，单击"进入仪表板"，在仪表板界面中，单击左侧的"其他"，选择添加"文本组件"，在文本组件中输入"北京市 XX 快递物流时效分析"，字号为 64 号，居中，加粗，如图 5-112 所示。

图 5-112　编辑文本组件

依次将文本组件、"各区间配送时长"雷达图拖到仪表板的最上方；将"收货省份时效分析"地图放至仪表板中间；将"同城配送时效分析"组合图及"时效 TOP10 省份"明细表放至仪表板最下方；再适当调整各个组件的大小。

在仪表板的上方单击"仪表板样式"，选择"预设样式5"，然后单击"确定"按钮，如图 5-113 所示。此时，整个仪表板界面焕然一新。

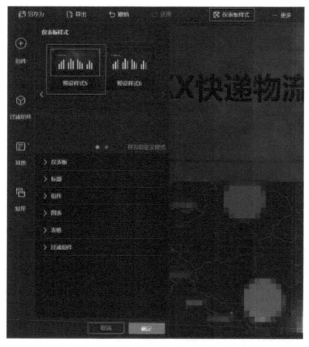

图 5-113 设置仪表板样式

最后，修改"文本组件"中字体颜色为"白色"，最终生成的仪表板，如图 5-114 所示。

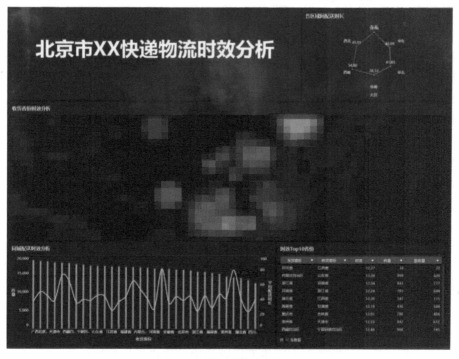

图 5-114 最终生成的仪表板

任务总结

（1）FineBI数据分析体验涵盖了数据采集与整合、数据存储、数据分析和数据可视化，乃至数据挖掘和深度分析的全流程，助力企业数据化智慧运营。

（2）FineBI工具的应用场景已经涵盖了金融、电信、地产、制造、医药、物流等行业，且每个行业中的组织都在使用商业智能来赋予其员工以洞察力，从而推动更好的决策和业务绩效。

（3）FineBI旨在帮助企业的业务用户充分了解和利用数据。

 课后习题

1.单选题

（1）以下关于FineBI数据分析可视化工具说法中错误的是（　　）。

A.FineBI具有轻量型、自助性强的优点

B.FineBI可实现全可视化界面操作

C.FineBI是以"客户端/服务器"（C/S）为架构的可视化设计软件

D.FineBI支持移动端应用，帮助用户在手机、平板等移动数字终端设备上进行数据可视化操作

（2）在FineBI中，按照对数据处理的阶段和工作内容的不同，可将实现数据可视化的过程分为三个阶段，其中不包括（　　）。

A.数据准备　　　　B.数据清洗　　　　C.数据加工　　　　D.可视化分析

（3）FineBI中可连接的企业数据源往往涉及多种，常见的不包括（　　）。

A.Excel文件　　　　B.CVS文件　　　　C.MySQL数据库　　　　D.业务包

（4）（　　）是图表、表格等可视化组件的容器，能够满足用户在一张仪表板中同时查看多张图表，将多个可视化组件放到一起进行多角度交互分析的需求。

A.图表　　　　B.可视化组件　　　　C.仪表板　　　　D.图表类型

（5）在可视化组件工作区中，我们可以对图表类型、数据维度和指标、图表样式等进行分门别类的设置，但不能对组件进行（　　）设置。

A.添加标题　　　　B.设置背景　　　　C.排版　　　　D.修改坐标轴刻度

（6）FineBI中，每个分组下可包含多个（　　），其下也可导入多张业务数据表。

A.业务包　　　　B.Excel数据表　　　　C.数据库　　　　D.数据分组

（7）为了只显示柱形图中销量排行前10的产品，可以通过（　　）实现。

A.添加特效　　　　B.添加过滤条件　　　　C.设置颜色　　　　D.添加标签

（8）为了方便用户观察异常数据，可以在图表中添加（　　）。

A.过滤　　　　B.警戒线　　　　C.闪烁动画　　　　D.图表标题

（9）在仪表板工作区界面中，用户可以（　　）。

A.添加文本组件　　　　B.为某个组件添加过滤条件

C.修改某组件的标题　　　　D.添加坐标轴标题

（10）为了使用户方便配色，同时也使得仪表板的样式显得更加商务，FineBI中内置了

一些可供选择的仪表板预设模板，该功能的入口在仪表板工作区的（　　）处。

    A. 组件　　　　　B. 仪表板样式　　　　　C. 过滤组件　　　　　D. 其他

2. 判断题

（1）可视化分析工具的本质是通过分析企业已有的信息化数据，发现并解决问题，辅助决策。（　　）

（2）FineBI 可视化分析工具应用领域并不十分广泛，主要应用于电商运营场景之中。（　　）

（3）FineBI 中从读取数据、数据建模、ETL 操作、分析字段拖取、图表展示切换等，可全程实现可视化操作，但也需要通过 SQL 读取数据库或手动建模。（　　）

（4）为了满足不同用户的需要，FineBI 也支持移动端应用，帮助用户在手机、平板等移动数字终端设备上进行数据可视化操作。（　　）

（5）FineBI 仪表板用于用户可视化展示，可被看作可视化设计的画布或容器，供用户进行图表设计和信息展示。（　　）

（6）为了让可视化分析过程更有条理，更贴合企业的数据运营管理过程，FineBI 提供了业务包管理功能，可以基于不同的业务主题创建不同的业务包来对数据表进行分门别类的存放与管理。（　　）

（7）仪表板可理解为单个可视化对象或者可视化图表。（　　）

（8）在可视化组件设计界面中，"维度"区域下的字段为数值型字段，"指标"区域下的字段为文本型字段。（　　）

（9）FineBI 数据分析体验涵盖了数据采集与整合、数据存储、数据分析和数据可视化，乃至数据挖掘和深度分析的全流程，助力企业数据化智慧运营。（　　）

（10）为了使仪表板中的某些关键指标更加引人注目，我们可以在仪表板中添加关键指标卡。（　　）

参考文献

[1] 张杰 . Excel 数据之美：科学图表与商业图表的绘制 [M]. 北京：电子工业出版社 , 2016.

[2] 凌祯 . 数据呈现之美：Excel 商务图表实战大全 [M]. 北京：电子工业出版社 , 2019.

[3] 陈海城 . Excel 电商数据分析与应用（微课版）[M]. 北京：人民邮电出版社 , 2021.

[4] 北京博导前程信息技术股份有限公司 . 电子商务数据分析基础（初级）[M]. 北京：高等教育出版社 , 2020.

[5] 罗倩倩 . FineBI 数据可视化分析 [M]. 北京：电子工业出版社 , 2021.

[6] 王佳东 . 商业智能工具应用与数据可视化 [M]. 北京：电子工业出版社 , 2020.